羊料理：世界のレシピ135品
と焼く技術、さばく技術、解体

完美羊肉

ひつじ

135道

全球羊肉料理秘籍

日本柴田书店　编

张艳辉　译

中国轻工业出版社

曾经，日式烤羊肉还只是法式餐厅的精美菜品。但是如今，它已成为人气酒吧、休闲餐厅、居酒屋、专业羊肉餐厅等常备且备受推崇的美食。如果想要菜单能够吸引顾客，日式烤羊肉必不可少。

本书收录了来自世界各地人气店的羊肉做法，包括法国、意大利、中国（北京、内蒙古自治区、贵州、广西、台湾、新疆维吾尔自治区）、英国、蒙古、印度、阿富汗、摩洛哥、日本等。在全世界许多地区，长久以来羊肉对食客的吸引力都能在各种饮食文化中得到体现。

本书同时还介绍了羊肉的切分、烤制、食材处理等内容，希望对各位读者有所帮助。

日本柴田书店

目录

第 1 章　小菜·前菜

第 2 章　烤

第3章　炖

第 4 章　内脏及其他

第5章　咖喱

第6章　炒

第7章　煮·蒸

第8章　炸

注：目录中，菜品名称下侧标注的内容，为特色做法所属的国家或人气店名称。

本书阅读说明

如无特别要求，均使用以下食材。

· 黄油不含盐。

· 香味蔬菜包括洋葱、胡萝卜、芹菜等。

· 蒜、洋葱在使用前先剥皮。

· 奶酪在使用前先捣碎。

· 肉烹饪之后恢复常温再食用。

· 橄榄油使用纯橄榄油或特级初榨橄榄油。

· 除特别标明使用胡椒粒外，其他情况下均使用胡椒碎。

烹饪

· 将食材放入冰箱时需裹上保鲜膜。

· 温度及烹饪时间按具体要求及厨房环境进行调整。

· 烤箱事先预热至指定温度。

· 用烤箱烤制时，适时替换烤盘前、后、上、下位置。

摄　　影/海老原俊之、米仓亮、高见尊裕
装　　帧/吉泽俊树、合田美咲（ink in inc）
编　　辑/资料收集/井上美希
资料收集/村山知子、诸隈希美、笹木理惠

小菜・前菜

第 1 章

温热薄切羊肉

———

■ 酒坊主

将柔软、微香的冷藏小羊肉切薄片，稍加温热处理即可。最后，配上酱油腌韭菜、百香果、青花椒等各种香味调味料。[菜谱→P14]

CHINA

羊肉香肠

——

■ 南方 中华料理 南三

将羊肩肉和猪背肥肉混合剁碎，同蒸熟的糯米及香料等一同灌入肠衣中。煮过之后晾干，食用前稍微煎一下。由于制作过程中使用了猪大肠，所以外观稍显粗大。[菜谱→P15]

温热薄切羊肉

酒坊主

材料

[约1人份]

小羊腰脊肉…60g
西西里岛产特级初榨橄榄油…适量
酱油腌韭菜*…适量
百香果（小）…1/2个
青花椒（干燥）…适量
黑胡椒碎…适量
熏制结晶片盐…适量

＊韭菜切碎，放入浓口酱油中浸渍一晚。
放入冰箱中可保存2周左右。

做法

1 小羊腰脊肉切薄片，放在已铺上烤箱纸的托盘
  上。放入烤箱，以200℃加热1～2分钟。

2 装盘，浇上特级初榨橄榄油。撒上酱油腌韭菜
  及百香果，再适量撒上青花椒及黑胡椒碎。最
  后，配上熏制结晶片盐。

羊肉香肠

南方 中华料理 南三

材料

[约15根用量]

糯米…600g
小羊肩肉…1.5kg
猪背肥肉…300g
盐…20g
三味香辛料…9g
洋葱（切碎）…150g

A
┌ 盐…30g
│ 一味辣椒粉…10g
│ 黑胡椒…10g
└ 孜然粉…10g

猪肠衣*…共3m
芥末粒…20g（1人份）
香菜（切碎）…10g（1人份）

* 涂盐。

做法

1 糯米放入水中浸泡一晚。沥干水，用铺好纱布的蒸锅蒸30分钟。取出之后，待其冷却。

2 小羊肩肉和猪背肥肉切成1cm见方的块状，撒上盐和三味香辛料，放入冰箱冷藏12小时。

3 洋葱碎炒软，待其冷却。

4 用搅拌机将步骤2的肉搅拌成肉馅。放入盆中，充分搅动使其出现黏性为止。

5 加入调料A混合一起，再加入步骤1的糯米及步骤3的洋葱碎。

6 将步骤5的食材灌入到猪肠衣中，每间隔15cm就打一个结。

7 放在通风好的地方晾10分钟，使其表面变得干燥。用75℃的热水煮20分钟，用同样方式晾干30～60分钟。在此状态下装入真空袋内，放入冰箱可保存7天左右。

8 食用前用烤架稍微加热。切成方便食用的大小之后装盘，配上芥末粒和香菜碎。

口水羊

———

■ 羊香味坊

将用辣椒、花椒、辣油等制作的香辣料汁浇在鸡肉上，与川菜"口水鸡"做法类似。将煮软的羊小腿肉切成薄片，再淋上喷香的料汁。[菜谱→P18]

小羊肉粉丝

—————

■ 酒坊主

吸足了羊肉及汤汁鲜味的粉丝做下酒菜。
不使用淀粉，煮干之后更清爽，再加入
多种香料，最适合搭配日本酒一同食用。

[菜谱→P19]

口水羊
羊香味坊

材料
[约40人份]

羊小腿肉…20kg
圆白菜（切丝）…适量

汤汁
浓口酱油…500mL
绍兴酒…400mL
大葱…1根
生姜…80g
八角…50g
月桂叶…50g
白芷*1…50g
草果*2…50g
茴香籽…50g
花椒…30g
盐…100g
水…4L

料汁（方便制作的量）
卤水（使用以下总量）

  大葱…80g
  生姜…25g
  花椒…3g
  八角…3g
  香菜…1g
  鸡精…20g
  盐…10g
  鸡架汤（省略做法）…800mL
大葱（切碎）…150g
生姜（切碎）…50g
蒜（捣碎）…40g
香菜（切碎）…10g
黄瓜（按3cm厚度切片）…1根
香油…125g
辣椒油…100g
菜籽油…50g
黑醋…375g
砂糖…240g
熟辣椒*3…50g
花椒（粉）…30g
鸡精…50g

*1 伞形科多年生草本的根部干燥制成。常作为香辛料或中药材使用。
*2 姜科植物草果的果实干燥制成。同样常作为香辛料或中药材使用。
*3 干红辣椒干煎之后磨成粉状。

做法

1 制作汤汁。所有食材放入锅中加热，沸腾之后改小火加热15分钟后关火。

2 将羊小腿肉加入步骤1的食材中后加热至沸腾除去涩味。转小火，炖约3小时。

3 步骤2的食材浸入汤汁状态下冷却至常温。冷却之后取出肉，用保鲜膜包住后放入冰箱保存。

4 制作料汁，将卤水配料全部放入锅中开火，加热至沸腾后关火。

5 将料汁剩余配料全部加入步骤4的食材中混合，并用密封容器保存。

6 步骤3的羊小腿肉切成3~4mm厚的薄片。圆白菜丝装盘，将羊小腿肉摆在上方。最后，浇上料汁。

P17

小羊肉粉丝

酒坊主

材料

[约1人份]

色拉油…1.5汤匙

A ┌ 四川豆瓣酱…1/2汤匙
  │ 蒜（切碎）…1瓣
  └ 生姜（切碎）…1片

小羊肉馅…60g

B ┌ 绍兴酒…1.5汤匙
  │ 混合汤汁（P30）…90mL
  └ 水…90mL

绿豆粉丝（泡发后）*1…110g

白糖…适量

浓口酱油…适量

C ┌ 大葱（切碎）…适量
  │ 香油…1小勺
  └ 黑醋…1小勺

香菜、混合花椒*2

*1 热水烧开之后关火，放入干粉丝泡发5分钟。

*2 花椒、青花椒（干）、尼泊尔花椒按3:1.5:1 的比例混合而成。青花椒是在花椒未成熟状态下采摘之后干燥制成。尼泊尔花椒具有独特的橙子及柚子的香味。

做法

1 平底锅加热色拉油，炒调料A。炒出香味之后加入小羊肉馅，充分炒。

2 加入调料B，煮沸后加入绿豆粉丝。边搅拌边收汁，收汁至八成后，用白糖和浓口酱油调味。

3 煮收汁九成之后加入调料C，继续煮至收干汤汁。

4 装盘，撒上切碎的香葱，浇上混合花椒。

草原风干羊肉

———

■ 中国菜 火之鸟

烤干肋排，配上生蔬菜和甜醋腌渍的蒜瓣一起吃的内蒙古菜。优质的风干肉，蒸过之后透亮。带骨部位不易腐烂，适合风干。[菜谱→P22]

切片小羊肉

—— ■ Wakanui lamb chop bar juban

羊腰肉块用炭火烤，并切片。没有膻味的多汁红肉，配上辣味温和的山葵作为点缀。搭配日式调味汁，清爽适口。

[菜谱→P22]

草原风干羊肉

中国菜 火之鸟

材料

[约2人份]

小羊肋排…4根
盐…适量

A
- 大葱（切成3cm长的段）…4段
- 生姜（切丝）…4片
- 花椒…约10粒
- 绍兴酒…30mL

粗黄瓜…适量
糖蒜*¹…3～4瓣
含蒜辣椒油*²…适量
花椒盐（做法详见P203）…适量

*1 准备20瓣剥皮蒜瓣，撒上15g盐充分混合。装入密封容器内，放入冰箱内盐渍1～2周。加入200mL米醋、100g白糖或砂糖充分混合，放入冰箱浸泡1个月以上。

*2 用100g一级大豆油炒50g蒜（切碎）、50g香葱（切碎），炒香之后加入辣椒粉并关火。

做法

1 制作干羊肉。将带骨羊肋排切成方便食用的长度，撒少量盐，寒冷季节放在通风场所悬挂10～14天。以此状态装入真空袋内，放入冰箱可保存1个月。

2 将步骤1的羊肉和食材A放入盆中，放入蒸锅蒸90分钟。

3 粗黄瓜削皮去籽，切成一口大小。

4 将步骤2的羊肉及步骤3的黄瓜装盘，配上含蒜辣椒油、花椒盐。加入喜欢的调料，建议搭配黄瓜或蒜瓣吃。

切片小羊肉

Wakanui lamb chop bar juban

材料

[方便制作的量]

小羊腰肉（肉块·腰脊肉）…300g
山葵…60g
豆苗（切成1.5cm长的小段）…1包
芥末叶（手撕）…1包
肉片调味汁*、盐、黑胡椒碎…各适量

* 100mL橄榄油、20mL浓口酱油、10mL醋、1撮细砂糖充分混合。

做法

1 小羊腰肉撒上盐、黑胡椒碎腌渍。放在炭火架上烤至上色之后，立即放入冰水中冷却。

2 山葵捣碎，将豆苗和芥末叶水洗之后沥干水分。

3 用厨房纸擦干步骤1羊腰肉表面的水分，切成厚度为5mm左右的片，装盘。浇上肉片调味汁，放上豆苗和芥末叶。配上山葵，撒上盐、黑胡椒碎。

MODERN CUISINE

小羊舌和生小羊
火腿肉配应季蔬菜

利用羔羊的软嫩肉质，将羊舌及羊火腿煮软，搭配8种蔬菜进行冷熏。口感及嚼劲不同的各种食材通过微微熏香味道能更好地融合。[菜谱→P26]

■ Hiroya

SAKE & CRAFT BEER BAR

小羊肉腌菜鸡蛋卷

———

■ 酒坊主

加入腌高菜、猪肉蓉烤制的亚洲风蛋烧。羊肉的香味，搭配木耳的脆爽口感。腌渍发酵食品特有的口味，最适合下酒。[菜谱→P27]

凉拌小羊肉

———

■ 酒坊主

在80℃热水中涮过之后，温热状态下放在芹菜上，再浇上醋味噌。黑醋制成的醋味噌使整体口感更爽口。[菜谱→P27]

小羊舌和生小羊火腿肉配应季蔬菜

Hiroya

材料

小羊舌*1…适量
小羊生火腿*2…适量
秋葵…1个
小洋葱…1个
圆白菜…适量
大葱段…长4cm

A ┌ 芜菁…1/4个
　├ 小番茄…1/4个
　├ 水芹…适量
　└ 烧茄子（省略说明）…约1/3个

B ┌ 新洋葱泥*3…适量
　├ 特级初榨橄榄油…适量
　├ 西洋醋…适量
　└ 盐…适量

C ┌ 罗克福奶酪（撕碎）…适量
　└ 曼彻格奶酪（切片）…适量

苹果木的熏香片…适量
盐、黑胡椒碎…各适量

*1 先用烤箱烘烤羊骨，并连同水、牛奶、羊舌一起小火煮约1小时，冷却之后将羊舌剥皮。汤汁就是牛奶羊汤。

*2 取150g羊腿肉，加多点盐之后放入冰箱冷藏一晚。从冰箱中取出之后用毛巾纸擦干水气，撒上彩椒粉、胡椒、蒜粗末。摆放于托盘上，放入冰箱存放1～2周。

*3 新洋葱带皮放入200℃烤箱中烤至变软。取出后将洋葱剥皮，用搅拌机打成泥。

做法

1 小羊舌和小羊生火腿切薄片，撒上少许盐、黑胡椒碎。

2 秋葵放在烧烤架上，用炭火烤。

3 小洋葱带皮抹上橄榄油，烤箱调至200℃之后烤10分钟。取出后剥皮，对半切开。

4 在厚底锅中放入橄榄油、蒜头、月桂叶（均为菜谱用量外），慢慢加热至香味渗出。加入切成一口大小的圆白菜，撒上盐，盖上锅盖蒸煮。

5 大葱用锡纸包住后放入烤箱，调至200℃蒸烤15～20分钟。

6 将步骤1～5的食材及食材A拌入调料B中。装盘，撒上食材C。

7 将苹果木的熏香片装入烟熏枪（便携式熏制器）中，对步骤6的器皿进行烟熏，并盖上盖子。上餐之后揭开盖子。

小羊肉腌菜鸡蛋卷

酒坊主

材料

[约1人份]

A
- 切片小羊肉…60g
- 木耳（泡发）…25g
- 泡菜（控干水）*¹…50g

B
- 鸡蛋…2个
- 沙茶酱*²…1小勺
- 香油…1小勺
- 盐、浓口酱油…各适量

色拉油、香菜、黑胡椒碎…各适量

*1 使用喜欢的泡菜。此处使用甜醋（100mL谷物醋、40mL味醂、1小勺盐混合加热。充分沸腾之后会变得黏稠，温热状态下酸味强烈）腌渍2天以上的红萵苣。此外，也可将其他蔬菜放入甜醋中腌渍。

*2 印度尼西亚用于烧烤中的调料，传到中国后被广泛使用。用蒜、花生、洋葱、干虾、香辛料等制成。

做法

1 将食材A切成方便食用大小，同食材B混合一起。根据泡菜的盐分，调整盐和酱油的量。

2 用平底锅大火加热足量色拉油。倒入步骤1的食材，稍微搅拌至边缘结块。烤出香味之后翻面，调低火。盖上锅盖，充分加热使内部熟透。

3 装盘。撒上切碎的香菜及黑胡椒碎。

凉拌小羊肉

酒坊主

材料

[约1人份]

白芹菜…适量
小羊肉…60g
醋味噌*…适量
青花椒（干燥）、白芝麻…各适量

* 100g米曲味噌、25g白糖、20mL黑醋、30mL谷物醋混合制成。

做法

1 将切碎的白芹菜装盘。

2 锅中水加热至约80℃，小羊肉稍微涮一下之后捞起控干水，趁热放在步骤1的白芹菜上。浇上醋味噌，撒上青花椒及白芝麻。

小羊肉豆腐

———

■ 酒坊主

海带、鲣鱼汤汁和羊肉汤汁混合而成的暖胃小菜。不用太多调味，汤汁作为下酒菜。[菜谱→P30]

柚子醋羊肚

———

■ 羊SUNRISE麻布十番店

用自制的柚子醋调制出稍有嚼劲的独特口感，配上脆甜的洋葱。[菜谱→P30]

GENGHIS KHAN

羊肉酱

———

■ 羊SUNRISE麻布十番店

碎肉煮过之后捞起再用热水洗干净油脂，使口味变得清淡。关键是在调味时，应添加蜂斗菜、茗荷等时令蔬菜。[菜谱→P31]

小羊肉豆腐
酒坊主

材料
[约1人份]

混合汤汁*…180mL
小羊肉…60g
内酯豆腐…1/2块
香菜、花椒碎…各适量

＊ 将10cm长的海带在2L水中浸泡约30分钟。加热至80℃之后取出海带，添加60g鲣鱼干（厚）。在微微沸腾状态下煮25分钟，并沥干（成品量约1.4L）。其中加入60mL浓口酱油（天然酿造圆大豆酱油，颜色较深）、1.5大勺白糖。

做法

1 混合汤汁中加入适量水，并加热。加入小羊肉，除去膻味。

2 加入切成方便食用大小的内酯豆腐，汤汁收至合适浓度。根据喜好，添加浓口酱油（菜谱用量外）进行调味。

3 装盘，放上切碎的香菜，撒上花椒碎。

柚子醋羊肚
羊SUNRISE麻布十番店

材料
[约1人份]

小羊肚…60g（煮过状态）
自制柚子醋*…适量

＊ 将200mL浓口酱油、100mL味醂、50mL米醋、柚子汁（1个柚子）放入锅中，加热之后关火，添加鲣鱼干。常温条件下冷却，加入柚子皮（1个柚子的量）之后放入冰箱存放半天。取出时沥干水分。

做法

1 小羊肚用清水洗后放入沸腾热水中，中火加热。煮2次之后取出用清水洗，接着煮2小时。

2 用清水洗掉表面的脏污等。

3 切成方便食用的细丝，放入自制柚子醋中浸泡30分钟以上。

羊肉酱

羊SUNRISE麻布十番店

材料

[店内需求量]

小羊肉末…500g

蒜（切碎）…20g

生姜（切碎）…20g

橄榄油…1大勺

A ┌ 豆瓣酱…1小勺
  │ 韩国辣酱…1大勺
  └ 青椒（生·切碎）…30个

日本酒…100mL

水…适量

B ┌ 红味噌…80g
  │ 浓口酱油…50mL
  │ 辣酱…20g
  └ 辣油…2大勺

C ┌ 香菜（切碎）…1/2根
  │ 蜂斗菜（切碎）…3棵
  │ 茗荷（切碎）…6个
  └ 茼蒿（切碎）…1/2根

做法

1 小羊肉末在沸水中稍微涮一下除去油脂。放在筛网上，用热水器的热水清洗。

2 用橄榄油炒蒜末和生姜末。炒香之后，加入步骤1的小羊肉末继续炒。整体均匀过油之后，加入调料A继续炒，直至产生辛辣味。

3 添加日本酒，注入刚没过食材的水和调料B混合，煮至汤汁变干之后变得黏稠。

4 加入食材C，翻炒均匀。

5 适量装盘，并用切丝的柚子皮（菜谱用量外）点缀。

侗族酸羊肉

—————

■ Matsushima

酸羊肉是贵州省、广西壮族自治区、湖南省等地居住的少数民族以糯米为底料、将肉或鱼发酵而成的食品。微微的酸味和腌制香味，适合下酒。

材料

[约1人份]

小羊肋排和肩肉（块）…合计1~1.5kg

A ⌈ 盐…30g
  ⌊ 花椒粉…3g

糯米…1kg

B ⌈ 蒜（切碎）…5~6瓣
  │ 生姜（切碎）…1片
  ⌊ 干煸辣椒*1…适量

白酒…适量

锅巴*2…适量

*1 干煸的干红辣椒。

*2 将米饭用保鲜膜盖上，再用擀面杖擀薄。揭开保鲜膜
之后放在筛网上，常温条件下晾至干硬。接着，用花生
油以180℃炸制。

- 左图为放置1个月后的状态，表面还残留一些米
粒，酸味也比较淡。如果放置1个月以上，就会呈
现如右图所示的状态。如果不希望颜色过深可以
不放辣椒。

做法

1 小羊肋排和肩肉用调料A揉搓之后，放在通风良好场
   所晾晒2~3天。晾干的标准是外侧变硬，按压时内部
   仍然感觉柔软的状态。

2 在电饭锅中放入糯米和糯米重量1.6~1.8倍的水煮米
   饭，趁热加入调料B混合一起。大致散热之后，加入
   白酒。

3 步骤2的米饭完全冷却之后放入保存容器内，放入步
   骤1的食材，常温条件下放置1个月。

4 出现酸味之后，转移至12~15℃的环境，继续放置
   1个月。

5 放入冰箱，放置1个月以上。如有可能，放置4个月会
   更入味。

6 肋排去骨，蘸汁面切薄，另一面切厚，如图（a）。

7 将步骤6的肋排放入刷上薄薄一层油的平底锅中，表
   面烤至上色，如图（b）。切薄，如图（c），放在锅巴
   上一起装盘。

自制羊肉灌肠

———

■ 羊香味坊

将切成粗末的羊肉与调味料拌匀，塞入羊肠中晾干。蒸熟之后继续晾干，口感及风味更加浓醇。肥肉的鲜味和胡椒的香味正好搭配红酒。

材料

[150～160根用量]

小羊肉（五花肉、腿肉等）…15kg

A ┌ 浓口酱油…300mL
  │ 砂糖…375g
  │ 香油…45g
  │ 盐…187.5g
  │ 胡椒…10g
  └ 白酒…450mL

香肠用盐渍羊肠…25m

- 羊肠在盐渍状态下售卖（左）。将盐冲洗干净，并在水中泡30分钟除去盐分（右），最后用清水洗干净并沥干水分。

1 羊肉切成1cm见方的块状。半解冻状态下更容易切。

2 将调料A全部放入盆中，搅拌均匀。

3 将步骤1的肉放入盆中，均匀浇入步骤2的食材。

4 抓拌均匀。裹上保鲜膜，放入冰箱存放12小时。

5 将灌香肠嘴（直径16mm）装在搅拌机上，在嘴上涂水使其顺滑，再套上羊肠。羊肠套上之后，末端打结。

6 将步骤4的食材紧紧塞入搅拌机内，灌入羊肠中。

7 用泡过水的麻绳每间隔10～15cm打结。

8 放在通风场所晒干2～3天。在此过程中，夜间可通过电风扇吹干。

9 晾晒好状态如图所示，表面出现褶皱。

10 在冒着蒸汽的蒸笼中,将香肠均匀铺开,大火蒸30分钟。

11 蒸好状态如图所示。

12 蒸好趁热状态下,同步骤8一样晾晒2～3天。晾晒好状态如步骤9所示,表面出现褶皱。晾晒好之后,放入冰箱可冷冻保存约2周。

13 食用前自然解冻。放入塑料袋内,在塑料袋充气膨胀状态下将袋口扎住。连同塑料袋一起放入沸腾的热水中,使其升温。

烤 第2章

用平底锅边按压
边烤带骨背腰肉

技术指导 / 菊池美升 Le Bourguignon（店铺名）

以前的制作方法是先用平底锅烤上色，再用烤箱以高温（约
250℃）烤5分钟。后来，逐渐变成了只用平底锅频繁翻面烤约
15分钟的做法。这是为了能够始终观察状态变化，同时控制火
候。并且，高温烤制会流失更多肉汁。此外，太久不翻面也会
流失更多肉汁，所以需要在烤的过程中频繁翻动。这样一来，
就能呈现上菜时肉的切面稍稍渗出肉汁的最佳状态。

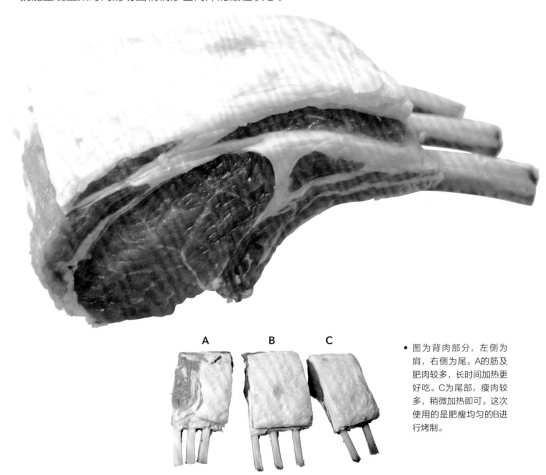

A　　　B　　　C

- 图为背肉部分，左侧为
  肩，右侧为尾。A的筋及
  肥肉较多，长时间加热更
  好吃。C为尾部，瘦肉较
  多，稍微加热即可。这次
  使用的是肥瘦均匀的B进
  行烤制。

切掉多余肥肉，将肥肉均匀切成3~4mm 厚的片。羊肉香味源自肥肉，所以不要切掉过多。

为了容易出油，划上浅浅的格纹切口。两面撒上盐、黑胡椒碎。

平底锅中火加热之后刷上一层橄榄油，将带肥肉的一面朝下放入锅中，烤制约2分半。关火，放置约2分钟。

烤侧面，如图所示烤至散发出并出现如图所示的色泽，另一侧面按同样要求烤。

烤骨根侧的切面，烤上色。步骤④～⑤
所需时间合计约2分钟。关火，将食材
在热源附近静置约2分钟。

放上蒜头、迷迭香、莳萝，连续2分钟
将平底锅中的油脂浇在骨头侧。

⑤

⑥

⑨

⑩

将肉煎至逐渐饱满，用手指按压会有一
些弹性时，用铁丝穿入肉身并停留几
秒，取出铁丝确认肉内部温度。如感到
温热，则烤制完成。

放在内置铁架的托盘上，静置约10分钟。

将肉上下翻面，关火。放在尚有余热位置，静置约2分钟。最后，将香草放在肉上。

烤两个侧面及骨根一面，带肥肉一面朝下，浇汁使骨头也均匀受热。静置片刻。间隔1分钟操作多次，之后间隔30秒操作多次。

⑦

⑧

FRANCE

酱烤羊

Le Bourguignon

酱烤羊搭配其他2种小羊肉制作的配菜，多角度品尝美味。并且，配菜使用五花肉、碎肉等不会影响整体风味的部位。

做法

酱汁

1 制作小羊肉汁。
　①平底锅刷上一层橄榄油，将2kg羊骨烤制上色。注意，烤至橄榄油散发香味即可。
　②锅加热橄榄油，将1个切成六等份的洋葱、1根胡萝卜、1棵芹菜、1头对半切开的蒜放入锅中一起炒后取出备用。
　③将步骤①的羊骨放入步骤②的锅中加热。加入200mL白葡萄酒，使骨头煮入味。
　④加入没过骨头的水，放回步骤②的蔬菜类。煮开，撇去浮沫。加入4枝百里香、4片月桂叶、10粒胡椒、少量岩盐，按冒出小气泡的火候煮约6小时。过滤之后煮收汁，并用盐、黑胡椒碎调味。

2 小羊肉汁放入锅中，煮收汁。加入黄油，使其变得浓稠。

装盘

取出3根骨头中外端1根，切掉侧面肉的表面部分。切面撒上黑胡椒粗粒，配上肉汁摆盘。

用平底锅和烤箱
烤软带骨背腰肉

技术指导 / 小池教之（Osteria Dello Scudo）

许多餐厅会将包住肋骨的膜和肉清理干净，但也可保留，在烤制时通过膜锁住肉汁。浇汁时对留有膜的骨头部分浇油脂，不能对肉浇。肉露出的侧面也不能贴着锅面，并放入烤箱充分加热。肉不直接接触热源，应间接受热使之变软。

- 产自新西兰的羊肉。仅刮掉肥肉表面薄薄一层即可使用。应选用刚开始吃草，肥肉层较薄的羊。

在肥肉面倾斜划出浅切口，方便出油。整体均匀撒盐，拎起肉以骨头前端在锅底涂抹的姿势化开油脂。

迷迭香放在肉上，若油脂较少可添加适量橄榄油。肉推向锅的边缘，将锅倾斜用勺子舀起油脂，朝向带背腰肉的骨头仔细浇油。

如图所示持续浇油，直至骨头上的膜变得饱满。浇油时，对着背肉较厚的骨头位置。加热骨头，以骨头传热给肉的方式，使骨边缘的膜或筋充分受热。

肥肉面的多余油脂除去，色泽诱人，气息扑鼻。

火调大，烤带背骨的面。这个面有圆角，用夹子拎起肉使其倾斜，或者倾向平底锅，以此均匀上色。并且，肉的侧面不接触锅面。

用锡纸包住，放在灶台上静置。正下方的灶头开小火，加热使之变得柔软。接着，放入烤箱静置，以此重复3次。

(5)

(6)

ITALIA

猎人炖小羊肉

Osteria Dello Scudo

罗马的传统菜肴。原本是烤撒过粉的排骨，并用平底锅制作酱汁。此处烤整块肉，酱汁使用羊肉汤调配，更加精制。

做法

酱汁

1 煮小羊的背肉、碎肉、蔬菜碎料，制作羊肉汤。

2 锅加热橄榄油，将分别切碎的凤尾鱼、1/4瓣蒜、1根迷迭香、3片鼠尾草、1/2根意大利香芹放入一起稍微炒一下。加入70mL步骤1的羊肉汤熬制，浇上一点白葡萄酒醋。加入少量意式肉末酱，并用盐调味。

3 加入橄榄油，转动锅使其乳化，使肉入味。

用竹签穿入肉身并停留几秒，取出竹签确认熟度并拆下锡纸。

肥肉面以小火加热至酥脆。接着，用夹子夹起肉，将肥肉面的边缘、背骨侧面等接触锅底烤。此外，侧面不需要烤。

同步骤⑥一样，放在温热位置静置。用手触摸，达到温热状态之后分切装盘。

拼配

锅加热橄榄油，放入切成粗粒的风干猪脸肉炒出油脂。加入煮过并剥皮的蚕豆、清洗并切成方便食用大小的洋蓟、羽衣甘蓝、圆白菜一起炒。加入番茄酱稍微煮一下，再混入佩哥里诺奶酪。

装盘

1 将3根骨头中两端的2根的边缘用刀划入切口，刀划入骨头下方取出骨头。

2 对半切开，侧面切齐。

3 拼配食材一起装盘，浇上酱汁。

各部位按合适火力
加热之后搭配

技术指导 / 近谷雄一（OBIETTIVO）

A

B

C

D

E

每个部位都要先放入平底锅烤，但各部位烤过之后的颜色
会有变化。所以，应根据肉的大小及肉质，调整放入烤箱
中的时间。当然，使用的都是带可蒸汽加热功能的烤箱，
在180℃的低温及40%湿度等设定条件下加热变软。

• 羊的各部位均可用到。A为里脊肉
（尾侧）、B为臀腰肉、C为小腿肉、
D为颈肉（带骨）、E为肾脏。

里脊肉

脊椎下方柔软的里脊肉。使用靠近尾部的较厚部分。由于肉质极其纤细、柔软，稍稍加热处理即可。

臀腰肉

与腰脊肉相接的臀部肉基本没有肥肉，而且是非常柔软的瘦肉，香味浓厚。并且，需要适当加热。

小腿肉

有筋，是含胶质较多的部位。筋和肥肉经过充分加热，稍有嚼劲的口感正是其美味所在。

颈肉

既有鲜美的肥肉，也有喷香的瘦肉。撒上香料烤，增香又能除去多余油脂。

肾脏

羊肉特有的膻味较淡，适口。配上黄油，最美味。

颈部肥肉

羊肉的膻味在肥肉中，但这个部位的羊肉口感清香。所以，烤过的肥肉也很好吃。

平底锅加热，放入颈部肥肉。

依次放入撒过盐的内腿肉、小腿肉、里脊肉。

里脊肉两面烤至变色之后取出。

① ② ③

⑦

整面烤香。连同步骤④的食材一起放入步骤⑤的烤箱中加热2分钟。

⑧

颈肉从烤箱中取出，撒上混合调料（香菜籽、茴香籽、小茴香籽按同比例混合研磨之后加入肉桂粉、黑胡椒、大蒜油制成）。

⑨

将步骤⑧的食材放在烤架上，直接用火烤，香味飘出后除去多余油脂。

内腿肉、小腿肉的两面烤出香味之后取出。

将颈肉和步骤④的食材放在烤盘上，放入带蒸烤功能的烤箱中，以180℃、湿度40%烤制。4 - 5分钟之后，加入迷迭香、百里香。接着，继续烤4～5分钟。按压如有一定弹性，即可依次取出。

将橄榄油和黄油加入步骤④的平底锅中，将锅倾斜使油集中。此时，放入用酱汁腌过的肾脏。

浇入肾脏的酱汁

1 锅中放入蜂蜜、切碎的香葱、红酒，煮至表面发亮。

2 用羊肉汤（省略说明）稀释，煮至浓稠。

装盘

1 里脊肉、臀腰肉、小腿肉分别切片（沿着纤维切断）。肾脏竖直对半切开。

2 在意大利撒丁岛，通常将最适合配羊肉的香芹叶和步骤1的食材一起装盘。盘中浇上黑葡萄醋和特级初榨橄榄油。肾脏浇上酱汁，撒上胡椒。里脊肉、臀腰肉、小腿肉撒上盐。

ITALIA

酒井的烤小羊肉拼盘

用半身羊烹饪而成的小羊肉拼盘。使用精心培育的高级小羊肉，根据各部位的肉质进行加热。

用炭火和烤箱
烤香小羊排骨

技术指导 / 田中弘（Wakanui lamb chop bar juban）

炭火和烤箱一起用，香味足且受热均匀。首先使用高温炭火充分烤带骨的面，将肥肉面烤出香味。若需要内部均匀加热就需要使用带蒸汽加热功能的烤箱，在烤箱内短时间烤制之后静置片刻，以此重复直至内部温度达到42～45℃。放在温热环境下静置，切开时肉汁不会流出，内部肉呈淡红色。最后用低温炭火烤，使油脂散发出焦香味。

使用Wakanui公司专供的小羊肉。用高营养的春牧草喂养的完全放养的小羊，在月龄3～6个月的最美味时期进行肉食加工，柔嫩且方便食用。图中为8根骨头，重量接近500g，已剥皮状态。

烧烤架左侧设定为高温，右侧设定为低温，区分使用。两侧均使用炭火，但左侧交叉组合在炭之间形成空隙，使氧气流动，起到助燃作用。右侧的炭竖直堆放、没有间隙，火较弱。

①

两面撒盐、黑胡椒碎，从右侧低温烤架中找到温度较高位置，将骨头一侧朝下放入食材。大块肉不易均匀受热，应先充分加热。同时，在此阶段对骨头加热，将骨面烤断。

②

③

骨头侧面烤出香味及颜色之后，翻面。

④

如环境温度较低，可用扇子扇风助燃。如果火力太强，可加入熄火炭控制火力。不同位置的火力大小有差异，应经常翻动，使其受热均匀。

骨根附近还是红色，将肉立起对着炭火，烤的过程中注意改变方向。

均匀烤上色之后，带肥肉一面朝下放在烤盘上，放入带蒸烤功能的烤箱中，以220℃烤3~4分钟。

(5)

(6)

(9)

(10)

骨头侧朝下放在烤盘上，放在烤架上静置20~30分钟。如果肥肉面朝下，热量会通过托盘传给肉，导致其他不需加热的部位也受热。

肥肉面朝下放在烤架右侧低温位置，浇入烤盘中剩余的油脂，使其冒烟，香味浓郁。

取出后，常温条件下静置约2分钟。之后，放入烤箱烤40秒之后静置2～3分钟（重复此过程），逐渐加热使内部温度达到42～45℃。

确认内部温度。铁丝穿入约5cm，确认肉表面附近及内部的温度。肉厚部分和肉薄部分的温差，以及表面和内部的温差逐渐减小，铁扦整体感到温热时烤制完成。

春季上市小羊肉的烤架羊背

Wakanui lamb chop bar juban

取半只羊，将羊背肉整块用烤架烤制。用炭火烤出香味，再用带蒸烤功能的烤箱均匀加热。分切之后装盘，尽享大口吃肉的感觉。

装盘
2根骨头一组分切装盘。配上烤过的小洋葱（带皮竖直划入切口，用橄榄油烤过之后撒上盐）和水芹菜。

炭火烤小份羊排
不走形

技术指导 / 田中弘（Wakanui lamb chop bar juban）

将小羊背肉按骨头逐根分切，并用炭火烤香。因为肉块较小，容易
被烤熟，应确认炭火的火力大小，烤的过程中不时地改变位置使其
受热均匀即可。并且，调整方向时注意烤出格纹。刚开始时用高温，
最后阶段用低温烤。烤好之后肉质饱满、有韧性，内部呈淡红色。

- 羊排的烹饪方法大致有4种：撒盐及黑胡椒碎的基本做法，烧烤做法，蘸调味料的中式做法，裹面衣的意式做法。将羊排分切成若干个单个重量约为60g的小块，使用的食材为P50~53所介绍的羊肉。肉质柔嫩、美味，且外形整齐，位于肩部开始第2~5根骨头部分（图中手指所示部分），简单调味之后即可用基本做法和烧烤做法。左侧第1根骨头外形较差，采用裹面衣的意式做法。内侧部分肉质偏硬，敲软之后采用意式做法或中式做法均可。

① 用基本做法烤制的羊排。首先，整体撒上盐、黑胡椒碎，放在烤架的大火力部位（参照P51）。表面变色，烤出纹路之后翻面。

② 另一侧用同样的方向烤，改变方向翻面，烤出格纹。

骨头朝下立起，将骨头对着火烤。血
水会从骨根部位流出，所以这部分应
充分烤透。

③

骨根部分。如图所示，充分烤至深色。
加热过程中骨髓中流出血水，烤至血水
不再流出即可。

④

WORLD

小羊排

用春季发芽的高营养牧草饲养而成的月龄不足6个
月的小羊，其羊排极其柔软，且口感清香。这道
料理是用4种不同调味方式做出的羊排的拼盘。

意式做法（左图中2）

1 用食品处理机搅拌100g面包糠、5g彩椒粉、10g奶酪
粉、10g水芹、1瓣蒜。

2 用肉锤将羊排拍软摊薄。撒上盐、黑胡椒碎，依次裹
上低筋面粉、蛋液、步骤1的配料。

3 用加热至180℃的色拉油炸约2分钟。

将肥肉面朝下立起烤。烤至油脂开始滴落，并冒烟。

烤至肥肉散发出香味，变得酥脆即可。如果没烤透，口感会很油腻。

⑤

⑥

烧烤做法（P56下图中1）

1 将70mL浓口酱油、40mL日本酒、40mL味醂、1小勺洋葱（捣碎）、1/2小勺生姜末、1/2小勺大蒜末、1小勺番茄酱、1小勺辣酱、适量红辣椒调味料混合一起。

2 用"基本做法"烤羊排。

3 将步骤1的配料浇在步骤2羊排上。

中式做法（P56下图中4）

1 将1小勺三味香辛料和100mL橄榄油混合，将羊排腌约2小时。同基本做法一样烤。

2 将25mL酸橙汁、50mL橄榄油、1/3根红辣椒（切碎）、适量香菜（切碎）混合。其中，一部分浇上步骤1的调味料，剩余部分直接装盘。

装盘
盘子内铺上水菜，摆上4种羊排。

肩肉串撒香料之后
用炭火烤香

技术指导 / 羊香味坊

炭火烤肉串。肉块较小，应频繁转动使整体受热均匀。烤架分割为大火区域和小火区域，先用小火逐渐加热。最后放在大火区域使其散发香味，同时依次撒上孜然、白芝麻、辣椒增加香味。从不易烤焦部分依次开始撒调料，可使香味持久、慢慢地渗入其他食材中。

● 使用产自澳大利亚的肥厚小羊的肩肉。放入腌肉料中浸泡一晚，连同肥肉一起穿成串。准备两种调味料：盐和料汁。可以只穿肉，也可以夹着口蘑等。其他烤串还有羊肝、臀腰肉、山药、颈肉。

在盆中混合腌肉料（将1个大洋葱捣碎后放入盆中，加入3个鸡蛋、少量盐），加入切成3cm见方的小羊肩肉（5kg）揉搓入味。放入冰箱冷藏一晚。

①

将步骤①的羊肩肉和肥肉（按5：2比例）穿入竹扦。每根约45g，每根约穿2块肥肉。

②

③

烤架分为大火区域和小火区域。将烤串放在小火区域，撒上盐。

④

表面变色之后逐渐转动竹扦，使整体烤制均匀。

肉开始滴油并冒烟之后，撒上孜然。边
转动竹扦边撒，撒完之后继续转动竹扦
使其烤均匀。

肉边缘烤至冒油之后，转移至大火
区域。

⑨

将竹扦转动一周使其均匀受热，散发出
辣椒香味。接着，装盘。

整体均匀上色之后，转动竹扦均匀撒上
芝麻。期间，同步骤④一样转动竹扦，
使其均匀受热。

芝麻散发香味并上色之后，边转动竹扦
边撒上辣椒。

CHINA

小羊肩烤串

羊香味坊

将小羊的肩肉和肥肉穿扦，撒上孜然、白芝麻、辣
椒，用炭火烤香。

ITALIA

烤小羊腿配土豆

—

■ Osteria Dello Scudo

圣诞节、复活节等不可或缺的菜肴，更是一道经典意大利菜肴。每家的烹制方法及调味方法有所不同，也可带骨一起烤。土豆吸入肉汁之后，尤其美味。

材料

[15~20人份]

小羊腿肉…1根（带骨共计3.3kg）
香草（蒜头、迷迭香、薄荷、牛至
　　叶、野茴香*1、鼠尾草、月桂叶、
　　银盏花叶*2）…各适量
猪油膏*3…50g
佩科里诺奶酪…适量
橄榄油、盐…各适量
土豆*4…1kg

迷迭香…5根
月桂叶…3片
带皮蒜…4~5瓣

*1 茴香的野生品种。根部没有隆起，
香味及口感更加浓烈。
*2 银盏花的叶子，可作为烤乳猪的
香料，果实可泡在酒中制作果实酒。
*3 膏状的猪油。
*4 削皮之后切成方便食用的大小。

1　腿肉去骨之后扒开（做法参见
P98及P99）。扒开之后多撒一
些盐，整体随意涂抹猪油膏。

2　香草切碎之后混合，撒在步骤1
的腿肉上。接着，依次撒上佩
科里诺奶酪、橄榄油。

3　将步骤2的肉的扒开部位按原
状合拢。并用棉线等紧紧绑
住，直至看不到肉接缝。

4　最后，根部也要绑紧。

5　图为绑完之后的状态。直接放
入冰箱冷藏一晚，使其入味。
烤之前从冰箱中取出，等待足
够时间使其从外到里均恢复至
常温。

6　土豆切成块，摊开放入已铺好
锡纸的托盘上，托盘放在网格
架上，并放入肉。放入烤箱，
小火加热约3小时。

7　烤好之后，连同网格架一起放
在温热位置稍微静置一会儿。

8　迷迭香、蒜、月桂叶放在土豆
上，烤至上色。

9　土豆铺在盘子内，放上腿肉之
后给客人展示一下。送回厨
房，拆下线之后分切，连同土
豆一起装盘。

周日烤肉

———

■ The Royal Scotsman

烤肉中加入煮豆子、烤蔬菜、约克郡布丁、肉汁的英式美食。按照英国当地的饮食习惯，吃羊肉必须搭配薄荷酱。

材料

烤羊肉及烤蔬菜
［2人份］

小羊背肉（带骨·大块）…500g
土豆（削皮·6~8等份）*1…300g
胡萝卜（厚度约1cm的小块）…约60g
蒜（带皮）…2瓣
迷迭香…2根
西蓝花（4块）…60g（稍加焯水）
四季豆…6根（稍加焯水）
豌豆…50g（稍加焯水）

约克郡布丁
［用底边直径为45mm的松饼模具制作，可做8个］

低筋面粉…140g
鸡蛋…4个
牛奶…200mL
色拉油…适量

肉汁
［2人份］

黄油…5g
洋葱（竖直切薄片）…50g
白汤…150mL
白葡萄酒…50mL
月桂叶…1/2片
水淀粉…1小勺（水和淀粉等量）
盐、胡椒粉…各适量

番茄酱烘豆*2…适量
薄荷酱*3…适量
橄榄油、盐、胡椒粉、水芹（切碎）…各适量

*1 稍加焯水。
*2 使用浓醇番茄酱煮过的白芸豆罐头。
*3 将120mL醋煮沸之后调味，加入15g砂糖、60mL水，再次煮沸之后冷却，放入20g切碎的薄荷。

做法

烤羊肉及烤蔬菜

1 小羊背肉切掉多余肥肉，并在剩余肥肉上划出细微网格状切口，整体均匀撒上盐、胡椒粉。

2 锅中倒入橄榄油，开中火。香气逸出之后，肥肉面朝下放入步骤1的小羊背肉。肥肉、瘦肉、侧面依次分别烤2分钟。除翻面以外，均不可触碰到肉。整面烤至上色之后，肥肉面朝下开小火加热。

3 用厨房纸擦去多余油脂，在肉的空隙处塞满土豆、胡萝卜、蒜头、迷迭香，放上西蓝花、四季豆、豌豆。

4 关火，连着平底锅一起放入烤箱，以200℃加热20分钟。取出，静置10~15分钟使肉汁均匀入味。

约克郡布丁

1 低筋面粉过筛。

2 鸡蛋打入盆中，用打发器充分搅拌。加入步骤1的低筋面粉，用打发器充分搅拌柔滑。加入牛奶，充分搅拌。放入冰箱，冷藏1小时。

3 在松饼模具中注入1cm左右深的色拉油，放入烤箱以240℃烤20分钟。

4 将步骤2的食材倒入步骤3的色拉油中，以190℃烤25分钟。立即从模具中取出，放在网格架上大致散热。

肉汁

1 制作料汁底料。锅中放入黄油，中火加热至化开，加入洋葱之后炒成焦糖色。加入白汤、白葡萄酒、月桂叶，中火煮10分钟，收汁至一半。以此状态，即可冷冻保存。

2 在烤过羊肉后留有肉汁的锅中加入步骤1的料汁底料，开火煮沸之后舀掉白沫。加入水淀粉，再次煮沸之后充分搅拌使其变得浓稠。

3 用盐、胡椒调味。

装盘

肉分切之后装盘。配上烤蔬菜、约克郡布丁、番茄酱烘豆。浇上肉汁，撒上水芹。最后，配上薄荷酱即可。

嫩煎羔羊配
春季蔬菜

———

■ Hiroya

带骨的背腰肉配上应季嫩煎蔬菜、奶酪酱
汁、香甜的罗勒，充分衬托出羔羊肉这
种高级食材的独特口感。[菜谱→P68]

SAKE & CRAFT BEER BAR

小羊粗肉末汉堡包

■ 酒坊主

将切成大块的肩肉揉搓混合，制作成汉堡包造型。先用平底锅烤表面，再用烤箱充分加热，就能品尝到烤肉般的味美、多汁。

[菜谱→P69]

MODERN CUISINE

蔬菜卷烤羔羊肉

■ Hiroya

用羔羊肉包住芦笋、香菇茎，稍加烤制。经过蒸、烤之后蔬菜和肉均变得柔嫩。甜香的牛至叶，最适合衬托羊肉的鲜香。

[菜谱→P69]

嫩煎羔羊配春季蔬菜

Hiroya

材料

[约1人份]

羔羊腰肉
羔羊的背腰肉…4根骨

蚕豆泥
蚕豆…适量
罗勒…适量
橄榄油、盐…各适量
新洋葱泥（见P26）…适量
生姜（1~2mm厚的片状）…适量

芥末酱
羔羊汤*1…适量
法式第戎芥末酱…适量
盐、柠檬汁…各适量

奶油奶酪酱
奶油奶酪…适量
自制蛋黄酱…适量
帕尔玛奶酪…适量
法式第戎芥末酱…适量
大葱酱*2…适量
黑七味、盐、胡椒、柠檬汁…各适量

春季蔬菜
豌豆…适量
荷兰豆…适量
带皮蒜…适量
蛤蜊汤（省略说明）…适量
橄榄油、盐…适量

*1 将羔羊骨和春季蔬菜用烤箱烤，接着连同水一起开火煮除去膻味。转小火，煮3小时。取出骨头，煮收汁至汤汁颜色变浓。
*2 取适量大葱叶切成段，并用橄榄油充分炒熟。注入刚没过食材的鸡汤，煮至收汁。最后，用手动搅拌机打成泥。

做法

羔羊腰肉

1 将羔羊的背腰肉以带骨肉块直接烤。平底锅中刷一层橄榄油，肥肉面朝下开始烤。接着，依次烤瘦肉面、骨头及所有面。

2 连同平底锅一起放入200℃的烤箱中，取出之后放在温热位置静置。以此重复多次，使内部受热均匀。接着，将2根骨头一组分切。

蚕豆泥

1 蚕豆去荚，煮软。

2 剥皮，加入罗勒、橄榄油、盐、新洋葱泥，并用手动搅拌器打成粗粒。供餐之前加入生姜，并加热。

芥末酱

加热羔羊汤，用法式第戎芥末酱、盐、柠檬汁调味。

奶油奶酪酱

用手动搅拌器搅拌混合所有材料。

春季蔬菜嫩煎

1 豌豆去蒂，剥皮对半分开。荷兰豆去蒂、去筋。

2 平底锅中加入橄榄油、蒜加热，炒香之后将步骤1的豌豆及荷兰豆稍微嫩煎。

3 关火，趁平底锅温热状态下加入少量蛤蜊汤并盖上锅盖，进行蒸烤。

装盘

盘子中倒入芥末酱，将肉装盘。配上奶油奶酪酱、大葱酱及蚕豆泥，摆上嫩煎春季蔬菜。

P67

小羊粗肉末汉堡包

酒坊主

材料

[2人份]

小羊肩肉…300g
盐…3.3kg
黑胡椒碎…适量
芝麻菜、豆苗[*1]…各适量
色拉油、花椒、香菜籽、薄荷香菜酱[*2]…各适量

[*1] 此处，将芝麻菜和豆苗混合一起。此外，也可使用白芹菜、水芹等香味蔬菜。
[*2] 将2袋薄荷叶、4根香菜、120mL太白香油、15mL黑醋、15mL鱼露放入食品处理机，打成糊状。

做法

1 小羊肩肉切成1~2cm见方的块状。撒上盐、黑胡椒碎搅拌均匀，放入冰箱静置1小时以上。

2 平底锅倾斜放在热源上，加热稍多的色拉油。放入步骤1的食材，将表面烤至略微缩水。用锡纸包住，放入烤箱以200℃烤4分钟之后，在热源等温热位置静置约4分钟。

3 再次放入烤箱以200℃加热3分钟，并静置5分钟（始终放在平底锅内，内部也能均匀受热，还能保证食材有嚼劲）。

4 芝麻菜和豆苗装盘，将步骤3的食材4等分后装盘。撒上花椒、香菜籽，配上薄荷香菜酱。

P67

蔬菜卷烤羔羊肉

Hiroya

材料

[约1人份]

羔羊肉…1头羊分量
芦笋（根部）…1/2根
香菇（切薄）…1/2个
水芹的茎…3根
蒜（切薄片）、吴茱萸叶五加、橄榄油、
　柠檬汁…各适量
　┌ 大葱（斜切薄）…适量
A │ 红菊苣（切成一口大小…适量）
　└ 香菇（切薄）…适量
羔羊汤（左页的羔羊汤煮至收汁之前状态）…适量
牛至叶（生）…少量

做法

1 羔羊肉按肉的纹理切成片。撒上盐、胡椒，放上芦笋、香菇、水芹的茎、红菊苣，用肉卷起。

2 平底锅中刷上一层橄榄油，将步骤1的食材边转动边烤，使其烤至上色。

3 锅中放入蒜、吴茱萸叶五加、橄榄油，加热。产生香味之后加入A并撒上盐，盖上锅盖，稍微蒸一下。

4 注入没过蔬菜的羔羊汤，稍微煮一下。注入橄榄油和柠檬汁，使其乳化。

5 将步骤4的食材盛入容器中，将步骤2的食材装盘。牛至叶放在步骤2的食材上。

韭菜酱烤羊肉

—————

■ 南方 中华料理 南三

烹饪过程中，将肩腰肉多次从烤箱中取
出、放入，用较低温度慢慢烤制。最后，
浇上用韭菜、薄荷、生姜、柠檬草制作
的清爽酱汁。[菜谱→P72]

烤小羊肉

■ Enrique Marruecos

阿拉伯风味烤羊肉，当地使
用炭火和烤架烹制。用香辛
料揉搓过的肉柔软，且鲜香
味十足。配上生蔬菜，清爽
美味。[菜谱→P73]

香辣烤小羊排

■ Erick South Masala Diner

用带骨、切成厚片的羊排烤
出独特口感，柔软又美味。
在印度会充分加热熟透，这
里介绍的是日本独特的烤制
风格。[菜谱→P73]

韭菜酱烤羊肉

南方 中华料理 南三

材料

[约4人份]

肉的入味料汁

洋葱…300g
生姜…50g
孜然粉…10g
花生油…200mL
孜然…10g
盐…适量

韭菜薄荷酱

韭菜（切碎）…200g
薄荷（切碎）…200g
生姜（切碎）…50g
柠檬草…50g
山胡椒（干）*¹…30g
花生油…400mL
鱼露…3大勺
白醋*²…1大勺

小羊肩腰肉（大块）…300g

*1 与胡椒的形状相似，气味清香的香辛料。
*2 用大米酿造的醋。

做法

肉的入味料汁

1 将洋葱和生姜分别用食品处理机打碎，并放在筛网上沥干水汽。

2 将步骤1的食材和孜然粉放入盆中。

3 将花生油和孜然放入炒锅中，充分加热。孜然炒香之后放入步骤2的盆中，充分搅拌。接着，用盐调味。

韭菜薄荷酱

1 韭菜碎、薄荷碎、生姜碎、柠檬草、山胡椒放入盆中，混合一起。

2 花生油加热至180℃，倒入步骤1的盆中。

3 隔着盆放在冰水上冷却，用鱼露和白醋调味。

完成

1 肉清洁表面。泡在入味料汁中，放入冰箱冷藏半天至1天。

2 烤制前1小时从冰箱中取出肉，回温至室温。

3 烤箱以250℃将步骤2的食材烤5分钟，取出之后静置2.5分钟。以此，重复5~6次。

4 肉分切之后装盘。淋上韭菜薄荷酱，再用加热枪烤热酱料表面，使其散发香味。

P71

烤小羊肉

Enrique Marruecos

材料
[3~4人份]

小羊肉（烤肉用）…500g

A
┌ 孜然粉…1小勺
│ 彩椒粉…1小勺
│ 盐…4g
│ 蒜（切碎）…1/2小勺
└ 橄榄油…1大勺

紫洋葱（切片）…适量

香菜（切成1cm长的段）…适量

特级初榨橄榄油…适量

柠檬汁…适量

盐、黑胡椒碎、孜然粉…各少量

做法

1 将小羊肉用刀稍微划出切口，使其充分入味。

2 将步骤1的肉放入盆中，加入调料A之后用手用力搓揉。

3 制作放在肉上的沙拉。将紫洋葱和香菜放入其他容器中，浇上特级初榨橄榄油之后充分搅拌。接着，加入柠檬汁、盐、黑胡椒碎、孜然粉，充分搅拌均匀。

4 在平底不粘锅中刷抹一层油，煎步骤1的肉的两面。根据肉的厚度，调整火候。

5 将步骤3的沙拉放在烤好的肉上。

P71

香辣烤小羊排

Erick South Masala Diner

材料
绿酱汁
[方便制作的量]

干薄荷…10g

香菜…80g

青辣椒（生）…40g

洋葱…500g

生姜及蒜头泥…50g

醋…250mL

砂糖…40g

橄榄油…700mL

烤肉
[方便制作的量]

小羊腿肉（带骨肉块）…适量

盐…肉重量的1%

自制三味香辛料…肉重量的0.2%

黑胡椒碎…肉重量的0.2%

叶蔬菜（生菜、皱叶莴苣等）…适量

紫洋葱（切片）…适量

香菜（切碎）…适量

含香辛料的自制芥末…适量

做法
绿酱汁
用搅拌机将食材打成糊状。

烤制

1 肉中撒上自制三味香辛料、黑胡椒碎，放入密封袋内。放入冰箱冷藏约2周，使其熟成。

2 将绿酱汁揉入步骤1的肉中，静置约10分钟。放入烤箱，以450℃烤熟。

3 放在温热环境下静置，切成大块。

装盘
将烤羊排装盘，配上叶蔬菜、紫洋葱、香菜、含香辛料的自制芥末。

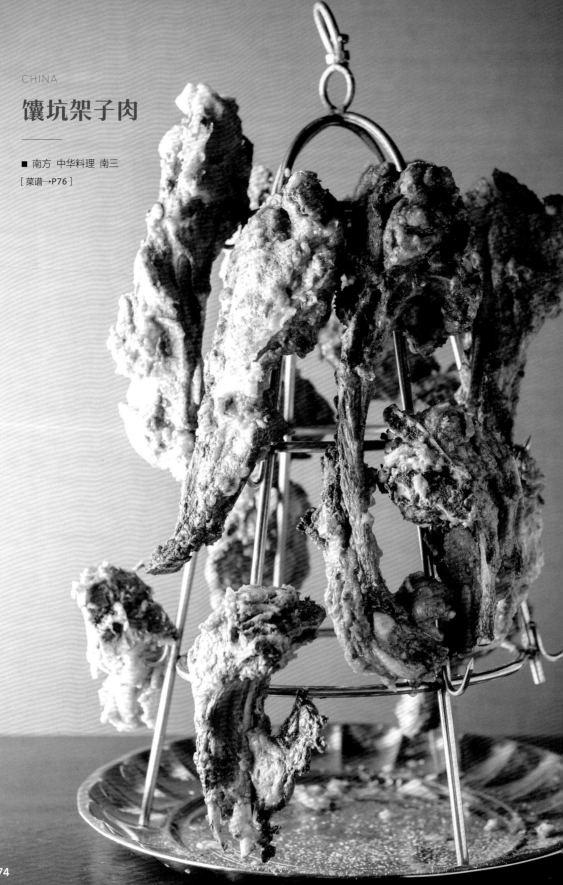

CHINA

馕坑架子肉

■ 南方 中华料理 南三

[菜谱→P76]

FRANCE

烤羔羊肩肉

■ BOLT

[菜谱→P77]

馕坑架子肉
（回族铁架子烤肉）

南方 中华料理 南三

回族经典羊肉菜。将用香辛料浸泡过的带骨羊肉放入铁笼内吊起，再放入馕坑中烤制。也可加上一层含香辛料的面衣一起烤，增加香脆口感。

材料

[约5人份]

肉的入味料汁

洋葱（切碎）…300g

生姜…50g

孜然粉…10g

孜然…10g

花生油…200mL

盐…5g

完成

小羊肋排（切成长段）*…600g

面衣用料

低筋面粉…110g

水…100mL

鸡蛋…1个

A 盐…1小勺

花生油…1大勺

姜黄根粉…1小勺

香菜籽粉…1小勺

孜然粉…1大勺

香菜籽粉…3大勺

B 三味香辛料…1大勺

一味辣椒…1大勺

盐…1大勺

＊ 取较长骨头的肋排。

做法

肉的入味料汁

1 将洋葱和生姜分别用食物处理机打粉碎，放在筛网上沥干水分。

2 步骤1的食材和孜然粉放入盆中。

3 花生油和孜然放入炒锅中。充分加热至散发孜然香气后移至步骤2的盆中，充分混合。接着，用盐调味。

完成

1 将小羊肋排浸入泡汁中，放入冰箱冷藏半天或1天。

2 将食材A放入盆中，用打发器充分搅拌制成面衣。

3 将步骤1的食材放入步骤2的盆中，裹上面衣。

4 放入烤箱，以200℃烤10～15分钟。

5 混合调料B，筛入步骤4的食材中。挂在架子（将肉挂起放入馕坑烤制时所需的鸟笼形状的厨具。参照P74的图片）上，装盘。

烤羔羊肩肉

BOLT

将羔羊的肩肉带着骨头一起烤，利用平底锅、烤箱、面火炉等隔热的热源。并且，通过黄油浇汁的方式，增添奶香芬芳。

材料

[3~4人份]

羔羊肩肉
（带骨·肉块）…1根
橄榄油…适量
黄油…50g
蒜（带皮）…4~5瓣
羊肉汁*1…100mL
肉类高汤*2…100mL
鸡汤*3…适量
法式第戎芥末酱…适量
芥末酱…适量

*1 将总共3kg羔羊的碎肉、骨头、皮等混合放入大平底锅中炒。将羊肉放入锅中，用平底锅中剩余的油脂将1瓣蒜（对半切开）、1个胡萝卜（切片）、2个洋葱（切片）炒软。放入1.5大勺番茄酱、350mL白葡萄酒，刮下平底锅中的油脂，放入肉锅中。加入7L水开火，沸腾之后撇去浮沫。转小火，煮4小时。过滤之后放入冰箱冷藏一晚，除去上方凝固的白色油脂。接着，煮收汁至1/10量。
*2 按与羊肉汁相同的方法制作。碎肉、骨头等各种肉类混合使用。
*3 将2kg鸡翅膀、1个洋葱（切片）、1/2头蒜（对半切开）、10根百里香、2片月桂叶、6L水放入锅中，煮沸撇去浮沫。转小火，补充合适水量。使用老鸡汤时煮4~5小时，使用鸡翅膀时煮2~3小时，最终成品约为2L。

做法

1 将羔羊肩肉恢复至室温。平底锅刷上薄薄一层橄榄油，开大火。放入整块肉，整体烤至上色。

2 将面火炉开大火，放入步骤1的食材，每个面烤约5分钟。

3 平底锅加热黄油，化开一半之后，放入步骤2的肉。倾斜平底锅，用勺子舀黄油并快速浇在肉上，充分加热使黄油香味渗入肉中。

4 将蒜加入平底锅中，放入烤箱以185℃烤3分钟之后，取出静置3分钟。以此重复约3次，使内部均匀受热。

5 在步骤3的平底锅中放入羊肉汁、肉类高汤、鸡汤，煮至收汁。加入法式第戎芥末酱和芥末酱，混合一起。

6 酱料注入盘中，将分切好的肉和蒜装盘。

烤羊排
（香料烤羊排）

■ 中国菜 火之鸟

肋排烤制而成的北京菜，配上香菜，肥瘦相间，风味十足。[菜谱→P80]

香料烤小羊排

■ BOLT

将肋排的肥肉及筋充分烤透是这道料理美味的关键。使用面火炉，不但能以高温加热，而且各个部位也能充分受热。[菜谱→P80]

MODERN CUISINE

烤羊排和香菜沙拉

■ Hiroya

肋排以小火长时间烤过之后除去油脂，切成方便食用的一半厚度。配上鱼露和柠檬汁拌好的香菜和洋葱，清甜爽口。[菜谱→P81]

烤羊排
（香料烤羊排）

中国菜 火之鸟

材料
[约2人份]

小羊肋排…带3~4根骨的肉块
香粉*1…适量
香菜…1撮

A
┌ 大料油*2…1/2大勺
│ 米醋…1大勺
│ 青辣椒（生·切碎）…大1根
└ 盐…适量

盐、胡椒碎、一级大豆油…各适量

*1 将20g孜然、20g干红辣椒、3g黑胡椒粒分别煎过之后打成粗颗粒。混合，加入3g咖喱粉。
*2 一级大豆油和香油按4：1混合，将干红辣椒、花椒、八角各适量高温条件下加热，炒出香味。

做法

1 高温加热烤箱（使用直火式燃气烤箱）。

2 小羊肋排的两面稍微撒点盐、胡椒碎。炒锅加热之后添加少许油，大火稍微烤一下肋排，将所有面均烤至上色。

3 上面撒香粉，用锡纸宽松包住。

4 关闭步骤1的烤箱的上方火，下方火调低。放入步骤3的食材，静置10分钟（通过预热蒸烤）。

5 取出肉，打开锡纸，关闭烤箱的下方火并打开上方火，放回肉静置1分钟，使表面的香辛料受热产生香味。

6 香菜切成方便食用的长度，用调料A拌过之后装盘。

7 沿着步骤5的肉的骨头和骨头之间分切，放在步骤6的香菜上方。

香料烤小羊排
BOLT

材料
[2人份]

小羊肋排…700g

A
┌ 蒜（捣碎）…1瓣
│ 五香粉…1/3小勺
│ 孜然粉…1小勺
│ 红酒醋…1大勺
│ 蜂蜜…1.5大勺
└ 盐…7g

结晶片盐、黑胡椒碎…各适量
大叶芝麻菜…适量
意大利油醋汁*1…适量
榛子油醋汁*2…适量

*1 将500mL橄榄油、200mL红酒醋、50g蜂蜜、200g鱼露混合制成。
*2 将400mL榛子油、400mL太白芝麻油、250mL红酒醋、35g盐混合制成。

做法

1 小羊肋排放入调料A中，放入冰箱冷藏1天。

2 从冰箱中取出步骤1的肋排，烤制前恢复至室温。

3 用面火炉烤。先将带肥肉的面烤至4成熟，再将带骨头侧烤至5成熟。骨头带的筋烤断，产生脆香口感即可。

4 放入烤箱以185℃烤5~10分钟，使内部均匀受热。

5 将步骤4的肋排逐根分切之后装盘，撒上结晶片盐、黑胡椒碎。用意大利油醋汁和榛子油醋汁将大叶芝麻菜拌过之后装盘。

烤羊排和香菜沙拉

Hiroya

材料

[约1人份]

羔羊肋排（带骨头）…180g
橄榄油…适量
蒜（带皮）…2～3瓣
小葱酱*…适量
香菜（切大块）…适量
新洋葱（切薄）…适量
鱼露…适量
柠檬汁…适量
盐、黑胡椒碎…各适量

* 将1棵小葱的葱叶、1个烤熟蒜头、50g花生、200mL橄榄油、150mL水放入搅拌机搅拌之后过滤。

做法

1 羔羊肋排撒上盐、黑胡椒碎。平底锅刷橄榄油，肥肉面朝下放入肋排，并加入蒜。小火慢烤使油脂充分渗出，表面烤焦之后上下翻面，连同平底锅一起放入烤箱烤3分钟。取出，静置4～5分钟。以此重复多次，使内部充分受热。

2 顺着肉的纹理将肉对半切开。小葱酱倒入盘中，肉放在上面。

3 用鱼露和柠檬汁拌香菜及新洋葱，放在肉上。

INDIA

羊肉串

■ Erick South Masala Diner

烹饪时除了使用三味香辛料叶，还有牛至叶、百里香等香辛料。尽可能使用高温将外部烤脆香，保持内部柔软。[菜谱→P84]

ITALIA

香料烤羊排配香橙

■ Tiscali

羊肉可半只采购，将肋骨在带肉状态下切开。由于是肥肉较多部位，使用香辛料增添辣味及清香味，并同橙子一起烤。[菜谱→P84]

小羊肉丸

■ Enrique Marruecos

肉丸是用整块肉敲打制成，最接近摩洛哥当地口味的特色菜肴。可根据喜好，撒上孜然或盐。[菜谱→P85]

法式羊排

■ 羊香味坊

使用产自澳大利亚的大块羊排。泡在用中式豆豉酱制成的料汁中腌渍，边涂料汁边烤。羊肉香味浓郁，且口感软嫩。[菜谱→P85]

P82

羊肉串

Erick South Masala Diner

材料

[方便制作的量]

绿酸辣酱
 酸奶…100g
 柠檬汁…45g
 香菜（切碎）…40g
 薄荷（生）*¹…40g
 生姜（切碎）…10g
 盐…4g
 砂糖…4g
 水…适量
A ┌ 羊肉末…800g
 │ 洋葱（切碎）…160g
 │ 蒜（切碎）…16g
 │ 青辣椒（生·切碎）…5g
 │ 香菜（切碎）…12g
 │ 面包糠…80g
 │ 盐…10g
 │ 辣椒粉…10g
 │ 自制三味香辛料…10g
 │ 姜黄根粉…2g
 └ 卡龙吉籽*²…3g
番茄（烤箱烤过备用）…适量
紫洋葱（生·切片）…适量
青辣椒（生·竖直对半切）…1/2个
香菜…适量

*1 可用5g干薄荷代替。
*2 也称作黑孜然粉。黑色的小颗粒种子，用于制作香辛料。

做法

1 混合绿酸辣酱配料。

2 将食材A放入盆中，揉搓成一团，但不要用力过度。

3 适量取一点裹在铁扦上，放入烤箱以450℃烤4分钟。

4 将烤过的番茄和生的紫洋葱装盘，并将步骤3的食材装盘。放上香菜及青辣椒，配上绿酸辣酱。

P82

香料烤羊排配香橙

Tiscali

材料

[2人份]

小羊肋排（带骨·切成长段）…约150g
A ┌ 哈利萨辣酱*…1大勺
 │ 茴香籽…1小勺
 │ 四味香辛料…0.5小勺
 │ 孜然…1小勺
 └ 米油…1大勺
橙子（菱形切）…约1/2个
芹菜及胡萝卜的叶子…各适量
B ┌ 茴香籽…1小勺
 └ 盐…1大勺

* 红辣椒、孜然、香菜等制作的北非香辛料。在法国、南意大利等经常使用。

做法

1 小羊肋排整个涂抹调料A。

2 烤架放在托盘上，放上步骤1的小羊和橙子，放入烤箱以200℃烤约20分钟。中途，适时翻动上下面，两面烤上色，筋充分受热。

3 装盘，配上芹菜和胡萝卜的叶子、调料B混合而成的调味料。

P83

小羊肉丸
Enrique Marruecos

材料
[4~5人份]

小羊肉末（粗末）*…500g
洋葱（切末）…100g
蒜（切末）…1/2小勺
香菜（切末）…20g
香芹（切碎）…20g
孜然粉…1小勺
彩椒粉…1小勺
黑胡椒…1撮
盐…4g

＊ 肩腰肉等切成粗末使用，更接近当地口味。

做法
1 所有食材放入盆中，充分混合且揉匀。

2 单手握住，握成3cm×2cm的椭圆形。中心稍稍凹进去一些。

3 大火加热平底不粘锅，烤步骤2的食材的两面。

4 根据喜好，用孜然粉和盐（菜谱用量外）调味之后食用。

P83

法式羊排
羊香味坊

材料
[约500人份]

羊排…500根（每根约95~100g）
腌泡汁（料汁）
　洋葱（粗末）…650g
　香菜根（粗末）…170g
　生姜（粗末）…150g
　蒜（粗末）…155g
　青椒（带子、切粗末）…100g
　番茄（切粗末）…800g
　芹菜的叶子和茎（粗末）…共200g
　鸡蛋…50个
　水…1.2L
　盐…300g
　鸡精…80g
　浓口酱油…350mL
　啤酒…125mL
　十三香*1（可不用）…7g
羊油…适量
涂汁…适量（配方如下）
　豆豉酱*2…100g
　浓口酱油…100mL
白芝麻、熟辣椒（P18）、盐…各适量

*1 混合香料。
*2 不使用米曲的豆豉酱。

做法
1 用腌泡汁将羊排腌渍8小时。

2 将烤架放在大火部位，放上腌渍过的羊排。烤变色之后翻面，用刷子涂羊油，并撒盐。

3 肉上下翻面，同样涂羊油，并撒盐。

4 油脂滴入炭火之后开始冒烟。朝下的一面烤好之后翻面，另一面同样烤。

5 擦涂汁，撒白芝麻。翻面，另一面同样擦涂汁，撒白芝麻。

6 烤出芝麻香味并上色之后，上下翻面。另一面同样烤好之后，根据喜好撒上熟辣椒，充分烤熟。将烤架从烧烤台上撤下，肉多的部位用剪刀剪开3处切口。

羊肉配菜

■ Le Bourguignon

凯撒沙拉

烤羊肉脆香，形似培根。与炒软、带甜香味的洋葱、长叶生菜、含帕尔玛奶酪的意大利油醋汁搭配食用。

番茄菜泥

番茄去籽之后塞入肉一起烤的法国家常菜。中等大小的番茄适合作配菜且口味浓醇，还可凸显羊肉的香味。

酱烤羊

酱烤羊背肉是法式餐厅的经典羊肉菜，特别喜欢羊肉料理的主厨菊地美升用两种羊肉制作的配菜衬托主菜，从多角度品尝美味。原本就是打算将半只羊充分利用，各个部位的羊肉相互搭配也能成一盘前菜或开胃菜。在风格独特的红酒吧，还能作为主菜。接下来，对各种适合制作羊肉拼配的菜品进行介绍。

羊肉茄片

将拌羊肉放在炸茄子上，制作成三明治造型。软糯的茄子和香喷喷的羊肉配上拌料最好吃。

帕蒙蒂耶焗土豆泥

法式经典菜肴，用拌羊肉配土豆泥。放入小松饼模具中烤，就能呈现出西餐厅的精致效果。

千层面

奶油质感的贝夏梅尔调味酱、拌羊肉、千层面底料等摊薄层叠制成，口感丰富。

炸条块

用罐焖小羊肉（P128）制作的炸条块。肉捣碎后，加入葡萄干及松子之后冷却，裹上面衣下锅炸。

法式炸糕

肉卷口蘑，裹上一层薄面衣下锅炸。吸收羊肉鲜味的口蘑让人嘴馋。

生春卷

将油脂多的羊肉烤酥脆，用米纸卷起薄荷、萝卜、胡萝卜等。肉中涂抹的哈里萨辣酱可增加口感及香味。

羊肉茄片

材料

[1人份]

长茄子…适量
拌羊肉…按以下配料制作后取40～50g
　　小羊肩肉…600g
　　洋葱（切碎）…1/2个
　　胡萝卜（切碎）…1/2个
　　盐、胡椒碎、橄榄油…各适量
　　四味香辛料…0.5g
　　卡夏辣椒粉…0.3g
　　彩椒粉…1g
　　咖喱粉…3.5g
　　三味香辛料…0.3g
　　肉蔻粉…1g
　　月桂粉…1g
　　罐装番茄…400g
　　月桂叶…1片
红心萝卜…适量
西葫芦…适量
西蓝花…适量
南瓜…适量
樱桃萝卜…适量
彩椒…适量
菊苣…适量
生菜…适量
芹菜…适量
豆苗…适量
油炸面包丁*…适量

＊ 用圆形模具将切薄片的面包切成圆形，再用较
小的圆形模具切成圈状。接着，用黄油炸一下。

做法

1 制作拌羊肉（参照右页）。

2 长茄子按条纹状间隔剥皮，切成1.5cm厚的圆
　片后下锅炸。

3 红心萝卜切薄片，切成一口大小。西葫芦纵向
　切薄片，用烤锅烤至卷起。西蓝花分小块，切
　薄片。南瓜切薄块。樱桃萝卜切薄片。彩椒直
　接放在火上烤至皮变焦，剥皮之后切成方便食
　用的大小。将菊苣、生菜切小块。芹菜去筋，
　斜切薄片。

4 将步骤2的茄子装盘，放上加热过的小羊肉拌
　料。将步骤3的蔬菜装盘，用豆苗、油炸面包丁
　点缀。

拌羊肉

1 将羊肉先切成2cm见方的块状（大块肉直接绞成肉末会导致绞肉机过热）。接着，绞成粗末。

2 在直径24cm的搪瓷锅（或厚底锅）中刷上一层橄榄油，混入洋葱末和蒜末，大火炒。

3 同时，在刷过橄榄油的平底锅中放入步骤1的肉末。撒上盐、胡椒碎，大火烤出香味。

4 肉炒变色之后翻面，大致搅动一下。将香辛料逐个撒入，大致均匀撒入即可。

5 大火整体烤上色之后，放在筛网上沥干油分。油留下备用。

6 将步骤2锅中的洋葱炒成焦糖色，散发出蔬菜甜味。频繁搅动，避免烧焦。

7 罐头番茄放入搅拌机打至柔滑，并过滤。放入步骤6的锅中，搅拌混合。

8 步骤7的锅煮开，使番茄的酸味散失。接着，加入步骤5的肉，搅拌混合。

9 适量添加步骤5留下的油，增添羊肉的香味。适当产生香味即可，不要添加过度，否则膻味增强。

10 先煮开。根据需要，可加水。加入月桂叶，盖上锅盖，放入烤箱以200℃加热20~30分钟。

11 烤过程中取出，用饭勺将锅表面的酱汁刮干净，混入锅中。

12 将汤汁熬至浓稠、整体熬至均匀即可。最后，用盐及香辛料调味。

帕蒙蒂耶焗土豆泥

千层面

材料

[1人份]

拌羊肉（P89）…50g

土豆泥…按以下配料制作后取50g

　土豆…200g

　黄油…20g

　牛奶…40mL

　格吕耶尔奶酪*…适量

* 瑞士较知名的奶酪，被誉为奶酪中的"贵族"。制作时，也可用其他奶酪代替。

做法

1　制作土豆泥。

　①土豆削皮对切成两半，并用水煮。

　②土豆煮软之后放在筛网上，沥干水分之后放回锅中。开火加热并捣碎土豆，使水气散发。

　③土豆打碎至一定程度，水汽基本散发之后，混入黄油和牛奶，边搅拌边加热至黏稠。

2　使用直径为4.5cm的圆形模具，放入已加热的拌羊肉，并将表面抹平。接着，放上步骤1的土豆泥，并将表面抹平。

3　放上足量格吕耶尔奶酪，放入烤箱以250℃充分加热约8分钟。

4　装盘之前用面火炉将表面烤至上色。

材料

[3人份]

贝夏梅尔调味酱

　牛奶…20mL

　黄油…20g

　低筋面粉…20g

　盐、胡椒粉…各适量

千层面…3片

黄油…适量

拌羊肉（P89）…200g

格吕耶尔奶酪…适量

做法

1　制作贝夏梅尔调味酱。

　①将牛奶恢复常温。

　②锅中放入黄油开火加热，化开之后加入低筋面粉。小火炒，充分加热成粉状。

　③在步骤②的锅中慢慢加入步骤①的牛奶。注意不要一下全部加入，避免结块。最后，用盐、胡椒粉调味。

2　在托盘上刷黄油，将1/3拌羊肉、1/3贝夏梅尔调味酱分别趁热混合，再放上1片未蒸过的千层面。

3　再重复一次步骤2操作。上方同样放拌羊肉和贝夏梅尔调味酱。常温条件下，大致散热。冷却过程中千层面吸收拌料和酱汁的汁水，达到合适的柔软程度。

4　放入烤箱，以200℃烤15~20分钟。底料加热之后，冷却后从模具中取出。

5　用餐前切成长方形，撒上格吕耶尔奶酪。放入烤箱，以200℃重新烤。

炸条块

材料

[13cm × 10cm的块状]

罐焖小羊肉（P128）的酱汁…120g
小牛肉汤精（省略说明）…2大勺
罐焖小羊肉（同上）…90g
松子…2大勺
葡萄干…2大勺
低筋面粉、鸡蛋、面包糠（打细）、橄榄油…各适量
干炒洋葱*…适量
豆苗…适量

* 洋葱沿着纤维切成薄片。锅加热橄榄油，加入
洋葱，撒上盐。小火边搅拌边炒至变软，且避免炒
上色。

做法

1 将罐焖小羊肉的酱汁放入锅中煮至收汁。中途
　加入小牛肉汤精，继续收汁煮至黏稠。

2 将罐焖小羊肉的肉捣碎，加入步骤1的食材中。
　松子烤过之后，连同葡萄干一起加入。

3 煮至热气散尽且整体变软之后，转移至铺着保
　鲜膜的托盘上。抹平表面，放入冰箱冷藏凝固。

4 切成长方形，依次裹上低筋面粉、蛋液、面包糠。

5 平底锅刷上较多橄榄油，加热。放入步骤4的食
　材，整面煎炸。

6 将干炒洋葱铺在盘子上，放上步骤5的食材。最
　后，放上豆苗。

● 冷却之后汤汁中的
　胶质凝固。

法式炸糕

材料

[1人份]

炸糕底料
　　低筋面粉…90g
　　即发干酵母…9g
　　啤酒…135mL
口蘑…2个
羊肉（切片）…3~4片
煎炸油、菜苗…各适量
罐焖小羊肉（P128）的酱汁…适量
盐、胡椒粉…各适量

做法

1 制作炸糕底料
　①盆中放入低筋面粉和即发干酵母，混合均匀。
　②加入啤酒，混合均匀。放在温暖环境下约15
　　分钟，使其发酵。待其表面产生气泡即可。

2 口蘑清理干净，用1~2片羊肉卷起。接着，撒
　上盐、胡椒粉。

3 将步骤2的食材裹上步骤1的底料，用190℃左
　右的油炸。

4 将罐焖小羊肉的酱汁煮至收汁，煮至黏稠之后
　放入盘中。将步骤3的食材对半切开，装盘。最
　后，放上菜苗。

番茄菜泥

材料

[8~10人份]

小羊肩肉…300g

A ┌ 盐、胡椒…各适量
├ 鸡蛋、面包粉、牛奶…各适量
└ 四味香辛料…少量

洋葱（切碎）…1/4个

中等大小番茄…8~10个

迷迭香、百里香…各适量

做法

1 准备300g除去筋及多余肥肉的小羊肩肉。其中200g放入绞肉机，绞成粗末。

2 将食材A加入步骤1的粗肉末中，充分混合。加入洋葱碎，均匀混合。

3 番茄从上方1/4左右位置切开，取下带蒂一侧。底部挖掉内部果肉等，稍稍撒点盐，塞入步骤2的食材。

4 平底锅加热橄榄油（菜谱用量外），步骤3的食材带肉的一面朝下放入。表面烤至上色，上、下面恢复原状放入搪瓷锅中。

5 盖上搪瓷锅的锅盖，放入烤箱以200℃加热10分钟。中途，打开锅盖，添加橄榄油。再次盖上锅盖，使食材内部均匀受热。

6 将步骤3取下的带蒂一侧放在步骤5的番茄上方。再放上迷迭香和百里香，放入锅中使带蒂一侧受热，直至产生香味。

凯撒沙拉

材料

[2人份]

羊肉等肥肉较多的肉…100~150g

意大利油醋汁…按以下配料制作后取3大勺

　　法式第戎芥末酱…2大勺

　　黑葡萄醋…1大勺

　　红酒醋…2大勺

　　西洋醋…1大勺

　　酸黄瓜（切碎）…3根

　　刺山柑花蕾调味料…1大勺

　　凤尾鱼…2片

　　橄榄油…适量

　　温泉蛋…2个

长叶生菜…4片

盐、胡椒碎、帕尔玛奶酪…各适量

干炒洋葱（P91）…2大勺

做法

1 将羊肉肥肉面朝下，放入已加热的平底锅中。肥肉面煎香之后，依次煎其他面。整体煎香之后，取出。趁热细长分切，大致散热。

2 制作意大利油醋汁。首先，将除温泉蛋以外的食材充分混合，最后加入温泉蛋混合。

3 长叶生菜切成方便食用的细长形状。放入盆中，加入盐、胡椒碎、帕尔玛奶酪拌在一起。干蒸洋葱加入之后尝味道，并用盐、胡椒碎、帕尔玛奶酪调味。

4 将步骤1的肉加入步骤3的食材中混合一起。

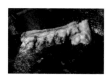

● 将羊肉烤至油脂渗出。使用清理背肉时从肋骨分切的肉（P94~95）。

生春卷

材料

[1人份]

烤小羊肩肉*¹…约30g
罐焖小羊肉的酱汁（P128）…适量
哈利萨辣酱*²…适量
长叶生菜…1片
芜菁…1/4个
胡萝卜…1/6个
水菜…1棵
米纸…1张

*1 小羊肩肉除去筋，直接将肉块放入刷过一层橄榄油的平底锅中煎至上色。放入烤箱，以200℃加热内部。
*2 一种北非辣酱。

做法

1 烤小羊肩肉冷却之后切碎。

2 将罐焖小羊肉的酱汁倒入锅中，煮收汁。加入哈利萨辣酱调味之后，待其冷却。

3 在步骤1的烤小羊肩肉中加入少量步骤2的食材。

4 长叶生菜切碎，芜菁和胡萝卜削皮之后切碎。水菜切成方便食用的大小。

5 米纸焯水之后放在砧板上。放上步骤3的食材及步骤4的食材，从一端卷起包紧。

6 切成方便食用的大小，装盘。

烤制用背肉的分切

肉皮留下，肥肉切去

技术指导 / 菊地美升（Le Bourguignon）

使用法国普罗旺斯的希斯特龙小镇当地的羔羊（出生后300天以内的小羊）的排骨。切下背骨及肩胛骨，将羊上脑也切下，加工成露出肋骨的状态。羊上脑用于制作烤羊肉拼盘（P86～93）等。最后，切下肉的肋骨仔细清理碎肉及筋。

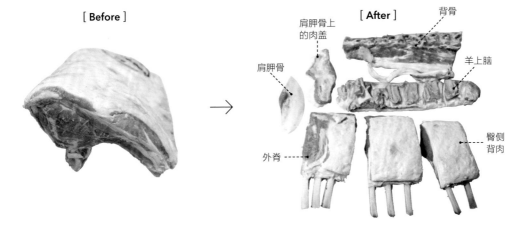

[Before]

[After]

肩胛骨上的肉盖
肩胛骨
背骨
羊上脑
外脊
臀侧背肉

切下背骨

1　肥肉面朝上将肉放在砧板上，从背骨（脊骨）以上的骨和肉之间插入刀。慢慢切，直至切到背骨。

2　上下翻面，肋骨朝上，在肋骨和背骨之间用剪刀（使用修枝剪）剪到中间部位。

3　立起步骤2的肉，用斩骨刀插入步骤2的剪口。刀从上落下，切开背骨。

切开肩胛骨

4　颈部的背肉和肉盖之间保留肩胛骨。从肩胛骨上方插入刀，在骨头上方滑动切开肩胛骨上方。

5　肩胛骨下侧用同样方式插入刀，切开肩胛骨下侧和肉。

6　扯出肩胛骨。

7 在距离肥肉面的腹部1/3左右位置笔直地插入刀，切开直至碰到肋骨。

8 翻面，在步骤7划入切口的同一直线上，将刀插入肋骨和肋骨之间，切下骨头之间的肉。

9 刀插入每根肋骨之间，从肋骨中切下膜和两边的肉。

清理肋骨

10 对所有肋骨依次进行步骤9的操作。

11 将肉翻面，刀插入肋骨的上方和肋骨之间，切下肋骨和肋骨之间的肉。

12 用刀尖仔细刮掉露出的肋骨表面残留的碎肉及筋。

切除薄膜

切下肩胛骨上方的肉盖

取下背骨的肥肉

13 一边用手提拉带膻味的表面肥肉，一边将刀放平切下。

14 除去步骤4~6肩胛骨上方的肉盖，将其除去。肉盖作为碎肉，可用于配菜或拌料等（P86~93）。

15 背骨侧如有多余肥肉，应将其切掉。

分切

16 按2根一组分切臀部侧的肉。瘦肉较多、偏硬，大多作为午餐肉食。

17 剩余的肉以3根一组分切。颈部的肉由肥肉等包裹，油脂较丰富，用于单点菜品。

18 图为分切后中间部分的肉块。将整个肉块直接烤（P38~41），之后对半分切供餐。

煎炸用背肉的分切
切下肉盖和羊上脑

技术指导 / 近谷雄一（OBIETTIVO）

使用月龄6~7个月的小羊排。若裹面衣炸制，肥肉或筋残留会导致膻味过重，甚至太过油腻。因此，仅保留骨头周围的瘦肉，将羊上脑和肉盖一起切下。切下的肉可作为肉馅或做成烤肉丸，也可制作成著名的意式羊肉馅饼（P217）。

[Before]　　　　　　　　　[After]

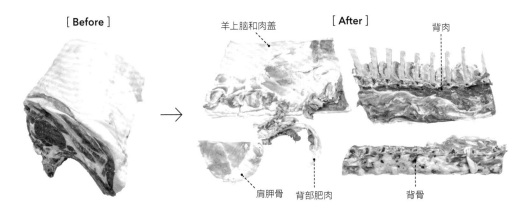

羊上脑和肉盖　　　背肉

肩胛骨　背部肥肉　　　背骨

切下肩胛骨

1　颈部肉盖下方带有肩胛骨，从颈部切面开始将刀插入肩胛骨上方，从肩胛骨上方切开肉。

2　肩胛骨下方用同样的处理方式，从骨头上切下肉。

3　稍稍拎起肉盖，取出肩胛骨。

切下肋骨侧的肉

4　肋骨朝上放在砧板上，刀插入背骨边缘，在覆盖肋骨的膜上划入切口。

5　用刀尖在肋骨两侧划入切口。

6　用刀刮掉覆盖肋骨的膜，靠近背骨侧。

从肋骨中切下羊上脑

7 从肋骨的侧边插入刀，在肋骨下方滑动，从肋骨中刮下羊上脑。

8 稍稍拎起肋骨，用刀将肋骨下方残留的筋刮干净。

9 肋骨放在下方，拎起羊上脑。用刀在羊上脑和背肉之间慢慢切开。

切下羊上脑和肉盖

10 继续向上切，分切羊上脑和肉盖。

11 切开状态。左侧为羊上脑一整块，右侧为肋骨带背肉的状态（小羊排）。

清理背部肥肉

12 用刀将背肉的背骨侧的肥肉切掉一半。

13 剩余部分用手拎起后扯下。

切下背骨

14 从背骨（脊椎）开始笔直向上沿着骨头边缘插入刀，从骨头中切下肉。

15 分切背骨和肋骨。

分切肉

16 连骨头带肉逐根切开。

17 切掉筋，避免加热时收缩。

18 用刀腹轻轻拍打肉。之后，用刀背拍肉，使其纤维变软。裹上面衣，下锅炸（P204"炸小羊排"）。

烧烤用腿肉的分切
切下尾骨、骨盆、大腿骨

技术指导 / 小池教之（Osteria Dello Scudo）

在英国等基督教国家，整个羊腿肉一起烤是复活节前后的必备美食。也可带骨头一起烤，此处更加精致，肉切开之后胫骨以外的骨头均除去。刀刃靠近骨头上方移动，从骨头上切下肉。切面涂上香草泥或大蒜泥，并用尼龙线捆绑之后烤制（P62～63）。

[Before]　　　　　　　　[After]

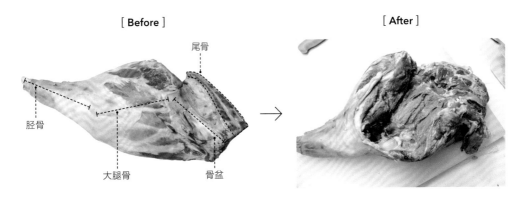

尾骨

胫骨

大腿骨　　　骨盆

切掉尾骨

切掉羊胯骨

1 从切面将刀插入尾骨周围，从骨头上切下肉。刀贴紧骨头，刮干净肉。

2 从切面将刀插入胯骨内，从腿骨周围剃下肉。

3 继续切下肉，看到骨髓孔之后，可用手指勾住这个孔，方便后续操作。

4 继续从羊棒骨周围剃下肉，直至露出关节。

5 沿着关节插入刀，切下大腿骨旁边的软骨。

6 接着，将刀插入胯骨周围，从胯骨中切下肉。

7　切到一定程度之后压住肉，将胯骨压到另一侧，从骨头中切下肉。

8　切下骨头及肉。

9　用手扯动腿肉上的筋，同时用刀切下。

切下大腿骨

10　从步骤4看到的关节上方插入刀，沿着大腿骨切开腿上的肉。

11　大腿骨和胫骨（小腿骨）的关节已切开的状态。

12　刀插入大腿骨周围，从大腿骨切下肉。

13　可看到大腿骨和胫骨的关节。

14　抓住大腿骨稍稍拎起，切下大腿骨下方的肉。

15　拎起大腿骨，刀插入大腿骨和胫骨之间的关节，切开软骨。

清理腿肉的筋

16　切开过程中，看到大腿骨的端部。

17　继续切开，将连着大腿骨和胫骨关节处的软骨完全切下。

18　拎起肉和肉之间的筋，用刀从肉上切下筋。

切分技术

技术指导 / 近谷雄一（OBIETTIVO）

通常，羊都是将各部位切分之后售卖。但是，如果买来半只羊自己切分，还能分切到平常难以买到的部位。这次分切的羊为半只，月龄为10个月左右，带骨重量为17kg，全长约90cm。屠宰时间为12月，寒冷环境下肥肉相当厚。由此，腿肉厚实的羊整体肉质也会非常好。存放时不要用纱布裹住，以免蒸发的膻味等附着在肉表面，应在裸露状态下放在通风良好的网格架上，且每天上下翻面。分切成大份、带骨一起保存能存放更久，提升利用率。

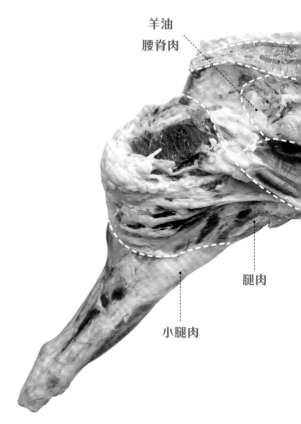

羊油
腰脊肉

腿肉

小腿肉

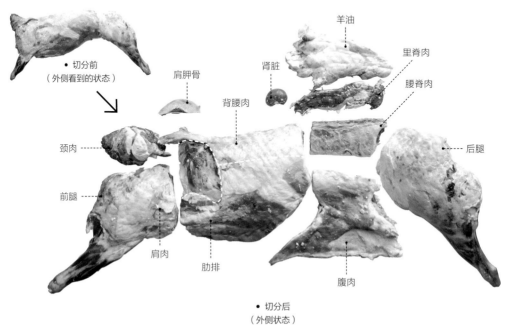

• 切分前
（外侧看到的状态）

肩胛骨

背腰肉

肾脏

羊油

里脊肉

腰脊肉

颈肉

后腿

前腿

肩肉

肋排

腹肉

• 切分后
（外侧状态）

肋骨　背肉　脊椎　颈肉　前腿　腹肉　胸骨

羊油　肾脏　腰脊肉　里脊肉　肩胛骨　后腿　颈肉　前腿　腹肉　脊椎　肋骨　胸骨　肩肉

● 切分后
（内侧状态）

取出肾脏和油脂

肾脏

通常，肾脏的氨气味非常浓，但10月龄左右羔羊的肾脏既有特有的口味，还没有强烈的膻味，更适口。

羊油

包裹肾脏的油脂块，通常气味浓重。但是，同肾脏一样，羔羊的羊油非常清新，可以食用。更适口。

1 肥肉面朝下，背骨朝向内侧，刀插入背骨和羊油之间，从背骨开始切下羊油。

2 拎起羊油，并扯下羊油。难以扯动位置可用刀切。

3 肾脏包裹在羊油中。用手指撕开羊油，并用刀切开连接羊油和肾脏的筋，从羊油中取出肾脏。

切下里脊肉

里脊肉

位于背骨的正下方。细长，量少。粗瘦肉和细瘦肉紧密贴合，适合小火加热。

1 羊油下方带有里脊肉。首先，刀插入里脊肉和背骨之间，慢慢切开。

2 里脊肉靠近臀部一端包裹在腿肉中。为了从这一端整齐切下里脊肉，应先从腿肉上切下腹肉，以便取出里脊肉。

3 腿肉和腹肉已切开状态。由此，腿肉根部露出，容易看到里脊肉的端部。

4　从另一侧看到的切分后的状态，腹肉中覆盖在腿肉上的部分已被切下。

5　刀插入里脊肉和背骨之间，从背骨上切下里脊肉。

6　将里脊肉靠近臀部的前端切分为两部分，包入腿肉的下方。沿着里脊肉慢慢切开腿肉，取出里脊肉。

7　小心找到并切下包裹在大腿肉下方的里脊肉端部。

8　从腿肉中切下的里脊肉，被内脏脂肪包裹。

9　抓住并拎起内脏脂肪，切开连接脂肪和里脊肉的筋，取出里脊肉。

10　切分后基本能够看到完整的一条里脊肉。

11　已除去油脂。里脊肉为粗瘦肉和细瘦肉紧密贴合状态。

12　切开这两条瘦肉。

13　将表面油脂切掉，清理干净。

14　膜及油脂用手扯开，刀放平后切开，清理干净。

对半分切

为了方便分切，沿着肋骨和腿肉之间对半分切。

1 按"分切里脊肉"的步骤2~4从腿肉中切下的腹肉另一侧的端部（颈部）与肋骨相连。

2 沿着肋骨继续切开。

3 从另一侧看到步骤2的状态。腹肉切开之后，在肋骨最靠近臀部的骨头相连的关节位置切开背骨。

4 切时反手拿刀，将刀插入背骨之间的软骨部分，慢慢切开。

5 背骨切开一半之后，将步骤1~3切开位置和背骨之间的肉切开。

6 背骨切至下方。此时半只羊已分割为2块。

7 图为肋骨侧的切面。背骨下方看到的红色肉块是背肉。

分切腰脊肉和腹肉

腰脊肉

腹肉

背肉中带肋骨部分是背腰肉，可用于小羊排等。剩余部分是腰脊肉，属于基本不运动的肉，非常柔软且优质。

肋骨和腿骨之间的肉。肥肉多，适合用来制作培根。

※ 左侧为腰脊肉，右侧为背骨。

1 图为上一页分切的羊肉靠近臀部侧。按P102"切下里脊肉"的步骤2~3在腿肉和腹肉之间划入的切口前端的背骨关节处切开。

2 将腹肉和腿肉切开，切到背骨为止。

3 步骤2从腿肉切下的腹肉和背骨之间带有腰脊肉。

4 注意切割时保证腰脊肉的完整，同时切下腹肉。

5 腰脊肉靠近臀部一侧的端部与腿肉相连。切开此处，背骨也会在腰脊肉和腿肉之间的关节切开。

6 将脊骨朝下。脊椎正上方延伸的骨头侧边插入刀，从骨头中切下腰脊肉。

7 从步骤6切开的位置继续切，刀沿着背骨移动，从背骨中切下腰脊肉。

8 图为从背骨中切下的腰脊肉。

9 切下连接腰脊肉和背骨的肥肉。

分切颈肉

内侧　　　　外侧

颈肉

运动较多部位，肉质偏硬，但鲜味强烈。通过炖煮或烧烤等，充分产生香味。

1　肥肉朝下，背骨靠近内侧。首先，将颈肉和肋骨之间切开。

2　手指及刀之间部位就是羊的肩腰肉，此处开始切，靠近头部侧就是颈肉。沿着此颈肉和肩腰肉的边界处切开。

3　切刀背骨之后，刀尖逐渐插入骨和骨的关节之间，分切软骨。

4　中途在背骨上方切入，与此处相连的状态下继续切关节。

5　颈和肩的边界已切开。

6　从步骤5切开的颈部肉块中切下颈肉。

7　分切完成。

分切前腿和后腿

沿前腿和肋骨之间分切。前腿瘦肉的一部分朝向肋骨上方延伸，从肋骨分切腿肉会更加整齐。

1 从臀部侧边切下腹肉。肥肉朝上，在后腿和腹肉之间插入刀切开。

2 看到后腿根部之后，将腿折入上方，沿着腿和羊身的边界切开。

3 拎起关节，继续切。

4 继续切到图示位置之后，将肉上下翻面。沿着腿肉插入刀，切开。

5 将靠近头部的腹部朝向内侧，从正面切下前腿。

6 拎起前腿，切掉筋。

7 从步骤6切开的切面可看到肩胛骨，在此上、下位置插入刀，从肉中切下。

8 取出肩胛骨。

前腿　　　后腿

前腿、后腿的膝盖以下均为小腿肉。后腿关节以上为大腿肉，以下为小腿肉。

分切背腰肉

背腰肉

背骨下方、肋骨内侧的肉。肩侧里面的肉细嫩，周围是肥肉及其他肉的分层，柔软且口感浓郁。越靠近臀部的肉肉质越粗、越硬。

1　肋骨所带肉块的背骨朝向内侧。刀抵住背骨边缘，将肉盖和背骨切开。

2　如果有筋，将筋切掉。

3　拎起肉盖，并切下肉盖。

4　肉盖切开至背肉腹部边缘。

5　将切开的肉盖先放回肉上。从肩侧插入刀，并切下背肉里面的肉。

6　图为背肉里面的肉即将切开的状态。

7　剩下就是肉盖和肋骨相连状态的肉块。

肋排

背腰肉大多带肋骨一起切开，如果肋骨较长可将整根肋骨切下（带肉）。连着骨头切开，撒上香辛料等一起烤，既不浪费又好吃。（P82 "羊肉串"）

分切颈肉、小腿肉、臀肉

颈肉

肩胛骨附近肥
肉较多部分。

小腿肉

后腿的小腿肉，
避开筋及肥肉。

臀肉

尾骨周围的肉，
口感柔嫩、风味
十足。

1　按照P106"分切颈肉"切下
　的颈肉中，用刀切下肩胛骨上
　方肥肉特别多的部分。

2　切到骨头之后，连着骨头一起
　用斩骨刀切开。带着骨头一
　起烤。

3　从前腿的蹄子中刮下小腿肉。

4　切下腰脊肉相连的臀部肉。此
　处的肉肥瘦相间，口感丰富。

5　沿着步骤4切下的臀肉的尾骨
　下方插入刀，切开尾骨和肉。

6　切下尾骨下方的肉。此处为臀
　腰肉。

7　图为已切下的臀腰肉的状态。

8　若肥肉较厚，切分时，可将肥肉
　朝下、抓起肉刮下肥肉。将步
　骤2及步骤3的肉用于制作"酒
　井的烤小羊肉拼盘（P49）"。

羊肉配日本酒

解说 / 前田朋（酒坊主）

这里仅推荐日本酒和精酿啤酒，还有广受好评的各种适合下酒的羊肉小菜，并介绍日本酒和羊肉的完美搭配。

温热薄切羊肉
日置樱　八割捣雄町浊酒

雄町特有浑厚有力的香味能够衬托腰脊肉的清爽口感。

小羊肉粉丝
诹访泉　满天星　纯米酿造原酒

甘甜浓郁的原酒，搭配容易入味的粉丝。兑水饮用，更加适口。

小羊肉腌菜鸡蛋卷
小笹屋　竹鹤　日本传统酿造纯米原酒
未过滤　木桶下料

腌菜和鸡蛋卷的香味，正适合搭配这种带酸味、茶味等微妙口感的酒。也可兑水饮用，多喝不醉。

凉拌小羊肉
生酛　玉荣　日本传统酿造纯米酒

黑醋味噌调制的凉拌调味汁，搭配醇香的纯米酒。酒香四溢，清新爽口。

小羊肉豆腐
丹泽山　阿波山田锦
纯米65（加热）

用鲣鱼干和羊肉汤的浓醇香味，搭配酸爽、浓醇的纯米酒。

小羊粗肉末汉堡包
悦凯阵　未过滤纯米酒

甜酸口味浓烈的未过滤纯米酒，使肥肉、烤肉等更加适口。

番茄奶油炖小羊肉丸
竹鹤　日本传统酿造纯米酒

粗肉末丸子浓郁口感和番茄的酸爽，使原酒特有的浓烈和酸味达到最佳平衡。而且，还能兑水饮用。

煮小羊舌　配绿酱汁和酸奶
隆　2000年度酿造纯米酿造
美山锦瓶加热

酿造酒的发酵香味能完美衬托羊舌、香草酱及酸奶的香味。

油炸烤小羊肉
醉右卫门　备前雄町70%精米
未过滤熟化纯米酒

这款酒的酸味独特，最适合炸制食品、哈利沙拉酱、万愿寺辣椒。而且，还适合搭配羊心脏一同食用。

羊肉酱Curry
梅津的生酛　日本传统酿造原酒

乳酸的清爽感衬托香辛料的香味及肉的鲜香。酸味浓，可以兑20%～30%的水。

炖 _{第 3 章}

FRANCE

煮羊蹄

———

■ BOLT

用连着骨头一起炖的前腿和酱汁搭配而成，没有太多修饰。时间溶于口感之中，令食客印象深刻。而且，这也是该店的招牌菜。[菜谱→P114]

炖羔羊小腿肉

■ Hiroya

骨头煮汤，将小腿肉煮软。最后，用炸茄子增加浓郁感。再配上大葱、芦笋、柠檬，看似杂乱却很清爽可口。[菜谱→P115]

番茄奶油炖小羊肉丸

■ 酒坊主

切成大块的肉制作成有嚼劲的肉丸，再用番茄及鲜奶油煮。羊肉香味溶于番茄汤汁中，酱香浓郁。[菜谱→P115]

煮羊蹄
BOLT

材料

[约10人份]

小羊带骨前小腿肉…10根
盐、黑胡椒碎…各适量
大蒜粉…适量
胡萝卜…1根
洋葱…2个
芹菜…2根
蒜…1/2个
红酒（腌泡用）…3L
红酒（炖菜用）…1L
上次的汤汁…1L
孜然粉、香菜粉、粗红糖…各适量
粗红糖…各适量
盐、黑胡椒碎、黑七味粉…各适量

做法

1 小羊带骨前小腿肉撒上盐、黑胡椒粉、大蒜粉，静置一晚。

2 摆放在托盘上，加入切成粗粒的胡萝卜、洋葱、芹菜、蒜、腌泡用红酒，静置腌泡一晚。

3 取出肉，在刷过油（菜谱用量外）的平底锅中将肉烤至上色。

4 过滤步骤2的腌泡汁，将其中的蔬菜沥干水之后炒。

5 将步骤3的肉放入大锅中，在步骤4的蔬菜中加入腌泡汁、炖菜用红酒，再加入上次的汤汁（首次制作可使用小牛肉汤精和羊肉汤）。开火煮至沸腾除去膻味，盖上锅盖转小火。用此方法炖4小时，使肉充分变软，且确保肉连着骨头。关火，肉泡在汤汁中待其大致散热之后，放入冰箱冷藏一晚。

6 第二天除去汤汁的油脂，取出肉。汤汁过滤，香味蔬菜用食品处理机打成糊，并过滤。

7 将步骤6的汤汁煮至收汁，调整浓度及口味（根据需要，加入粗红糖增加甜味），加入孜然粉和香菜粉。接着，加入步骤6的糊，稍微煮一下。

8 放入羊肉，加热之后保存。上餐之前，用小锅加热1根炖好的小腿肉和酱汁。用盐、黑胡椒碎、黑七味调味，装盘。最后，撒上黑七味粉。

P113

炖羔羊小腿肉

Hiroya

材料

[1人份]

羔羊小腿肉（带骨）…1根
羔羊汤（P68）…适量
蒜（切薄片）…适量
番茄（切碎）…适量
彩椒*…适量
炸茄子（省略说明）…适量
芦笋（切成方便食用的长度）…适量
大葱（切丝）…适量
盐、柠檬汁、黑七味粉…各适量

＊ 平底锅刷上橄榄油加热至200℃，将彩椒烤黑之后剥皮。

做法

1 平底锅刷上油（菜谱用量外），将羔羊小腿肉表面烤上色。

2 另取一口锅，锅中放入步骤1的羔羊小腿肉，加入羔羊汤煮开。撇去浮沫之后，小火慢炖使肉变柔软。

3 平底锅刷上油（菜谱用量外），炒蒜片增添香味。加入番茄碎稍微炒一下，并加入步骤2的锅中。彩椒对半切开之后去籽，加入锅中。接着，煮约1.5小时。

4 炸茄子剥皮，用搅拌机打成糊状之后加入锅中增加黏稠度，并用盐、柠檬汁、黑七味粉调味。

5 芦笋段和大葱丝稍微焯水。

6 将步骤4的食材装盘，放上步骤5的食材。

P113

番茄奶油炖小羊肉丸

酒坊主

材料

[4人份]

小羊肩肉（生）…600g
　　┌ 盐…6.6g
A　│ 黑胡椒碎…适量
　　└ 玉米淀粉…2小勺
蒜（切碎）…1瓣
色拉油…3大勺
洋葱（切薄片）…1个
切片番茄（罐头）…1罐
水…600mL
剑叶橙的叶子*…6片
鲜奶油（乳脂含量为38%）…60mL
香菜、辣椒粉…各适量（选用）

＊ 冷冻保存备用。

做法

1 小羊肩肉切成1～2cm见方的块状，加入调料A抓拌均匀。放入冰箱，冷藏1小时以上。

2 用色拉油炒蒜末。炒出香味之后加入洋葱片，炒至边缘变成褐色。加入切片番茄，炒至均匀混合。加入水，煮开。

3 将步骤1的肩肉搓成若干个单个重量为80g的丸子，并加入步骤2的食材中。煮约5分钟之后，翻面继续煮约5分钟。稍加混合之后，继续煮5分钟。

4 取出肉丸，汤煮收汁。中途加入剑叶橙的叶子及鲜奶油。放回肉丸，待其冷却。

5 装盘，放上香菜，撒上辣椒粉。

ITALIA

蔬菜土锅羊肉

———

■ Osteria Dello Scudo

原本是一道意大利的简单羊肉菜肴，最早
使用砂锅烹制，放入连着骨头一起切开的
羊肉和蔬菜，大火煮。在当地，这是一
道复活节的必备美食。[菜谱→P118]

FRANCE

蛤蜊盐煮小羊肉

———

■ BOLT

从葡萄牙料理猪肉煮蛤蜊中获得启发。将肩肉和蔬菜一起煮，静置一晚使其入味。上餐之前加上腌柠檬、番红花，增添香味。[菜谱→P119]

FRANCE

羊肉牛蒡圆白菜乱炖

———

■ Le Bourguignon

肋排煮至刚从骨头上切下的柔软程度，牛蒡及白菜也煮软。汤汁浸入所有食材的鲜味，绝佳美味。[菜谱→P119]

蔬菜土锅羊肉

Osteria Dello Scudo

材料

底料
[方便制作的分量]

小羊肩肉、小腿肉（带骨）…800g
蒜…1瓣
洋葱（切成粗粒）…250g
胡萝卜（切块）…100g
芹菜（切段）…100g
香草束（月桂叶、迷迭香、鼠尾草、
　百里香）*1…各少量
白葡萄酒…300mL
水…1L
盐…适量

面包丸子
[方便制作的分量]

粗粒小麦粉面包芯…70g
鸡蛋…40g
佩哥里诺奶酪*2…30g
意大利香芹…0.5g
盐、胡椒…各适量

完成
[1人份]

底料的肉…150g
底料的汤汁和蔬菜…300g
土豆…1个
青菜（圆白菜等）…50g
圣女果…适量
盐、佩哥里诺奶酪、橄榄油…各适量

*1　用棉线绑住。
*2　意大利中部和南部用绵羊奶制成的奶酪。

做法

底料
1　小羊肩肉和小腿肉多撒点盐，放入冰箱冷藏一晚。

2　在砂锅（或搪瓷锅）中放入步骤1的食材、捣碎的蒜、切粗粒的洋葱、胡萝卜块、芹菜段、香草束，倒入白葡萄酒和水。盖上锅盖，开小火煮2小时。

3　将羊肉煮至能够轻松穿入竹扦的柔软程度之后夹出，去骨之后切成方便食用的大小，并放回锅中。

面包丸子
将粗粒小麦粉面包芯撕碎，并混入其他所有食材。搓成方便食用大小的丸子，并油炸。

完成
1　锅中放入底料的肉、底料的汤汁、蔬菜，并加入切成一口大小的土豆、切碎的青菜，稍微煮一下。

2　加入圣女果和面包丸子，稍微煮一下使其入味。

3　用盐调味，装盘。撒上佩哥里诺奶酪、橄榄油。

P117

蛤蜊盐煮小羊肉

Bolt

材料

[店内进货量]

底料

小羊肩肉…1.5kg

盐…约1.5g

蒜…4瓣

A
肉类高汤（P77）…1L
水…400mL
羊肉汁（P77·煮收汁前状态）…300mL
百里香…1/3包
龙蒿…1/3包
白葡萄酒…500mL

胡萝卜…小2根

萝卜…长7cm

完成

腌柠檬…小1/6个

番红花…1撮

蛤蜊…8~12个

做法

1 将小羊肩肉、盐、剥皮的整瓣蒜放入密封袋内，肉抹上盐之后放入冰箱冷藏一晚。

2 取出之后擦拭表面水分，放入刷过油的平底锅中将表面稍微煎至上色。

3 放入锅中，加入食材A煮开，撇掉浮沫之后转小火煮约3小时。

4 胡萝卜、萝卜削皮之后竖直四等分切开，并修整边角。

5 将步骤4的食材放入步骤3的食材中，煮3~4小时。大致散热之后，放入冰箱冷藏一晚。

6 用餐之前重新加热时，放入切碎的腌柠檬、番红花、吐过沙的蛤蜊。加热至蛤蜊壳打开后，装盘。

P117

羊肉牛蒡圆白菜乱炖

Le Bourguignon

材料

[约4人份]

洋葱（切薄片）…4个

牛蒡…1根

圆白菜…1/2个

小羊肋排…1.5kg

水…适量

盐、胡椒粉、意大利香芹…各适量

做法

1 锅中加热橄榄油（菜谱用量外）。放入洋葱片，炒至呈焦糖色。

2 牛蒡切成5~6cm长的段，纵向切成4~6等份。圆白菜用手撕成大块。

3 小羊肋排为了方便食用，在骨头和骨头之间切开。撒上盐、胡椒粉，加热橄榄油（菜谱用量外），整体加热上色。

4 将步骤3的小羊肋排放入步骤1的锅中，加入刚没过肉的水。加入圆白菜，小火煮约1小时使肉变软。

5 用盐、胡椒粉调味，装盘。最后，用意大利香芹装饰。

炖小羊肉

———

■ Le Bourguignon

法国传统羊肉菜肴，原本是将切成块的肉简单用奶油煮制而成。此处将肉加工成圆形之后煮熟，再浇上奶油酱，增加了美观性。[菜谱→P122]

ITALIA

鸡蛋柠檬浓汤
炖小羊肉

———

■ Osteria Dello Scudo

意大利中部及南部有很多炖小羊肉为底料
的菜肴，这些菜肴的特点就是利用柠檬的
特殊酸味。加入洋蓟及豆类，风味十足。
[菜谱→P123]

SCOTLAND

苏格兰浓汤

———

■ The Royal Scotsman

羊肉和大量蔬菜煮制而成的苏格兰传统汤。
采用威士忌中不可或缺的特产大麦，色泽
清凉，但口感浓醇。[菜谱→P123]

炖小羊肉
Le Bourguignon

● 卷起状态下煮软的小羊肉在用餐之前切成一人份，并重新加热。

材料

炖小羊
[12人份]

小羊肩肉…2kg

A
- 干炒洋葱*¹…适量
- 鸡蛋…适量
- 面包糠…适量
- 盐、胡椒粉…各适量

B
- 调味蔬菜*²…以下配料总量相当
- 百里香…适量
- 月桂叶…适量
- 盐、白胡椒…各适量

德国面疙瘩
鸡蛋…1个
牛奶…20mL
低筋面粉…80g
盐…3g
橄榄油…适量

嫩煎四季豆和蘑菇
[1人份]

四季豆…适量
黄丝菌…适量
鸡油菌…适量
平菇…适量
橄榄油、盐、胡椒粉…各适量

酱汁
[12人份]

黄油…50g
低筋面粉…50g
炖小羊汤汁*³…约1.8L
鲜奶油（乳脂含量为47%）…约200mL

*1 洋葱沿着纤维切成薄片，橄榄油放入已预热的锅中。稍微撒点盐，小火充分炒至上色。炒软之后取出待其冷却。
*2 将1根胡萝卜、2个洋葱、1根芹菜（都切成4等份），1瓣蒜对半切开。将橄榄油倒入已预热的锅中，用小火充分将蔬菜炒软。
*3 汤汁部分用于加热肉，其余部分煮收汁至1.8L。

做法

炖小羊

1 将小羊肩肉切分，切掉较厚部分以调整到相同厚度。

2 将步骤1切下的碎肉制成肉末，并加入食材A混合均匀。

3 将步骤1的肉切掉筋，用肉锤敲打成3cm左右厚度。切面朝下，在表面稍微撒点盐、胡椒粉。放上步骤2的肉末作为馅料，肉卷起之后用棉线绑住。

4 将步骤3的食材放入锅中，加入足够水之后开火。煮至沸腾之后舀掉白沫，加入食材B。转小火，煮2小时至肉变软。

德国面疙瘩

1 鸡蛋和牛奶混合均匀后，加入筛过的低筋面粉，用打发器混合之后撒盐。换成塑料勺，混合搅拌至没有结块。

2 食材塞入德国面疙瘩专用模具中，放入煮开的热水中煮。

3 用餐之前用橄榄油煎至外焦里嫩。

嫩煎四季豆和蘑菇

1 四季豆切成方便食用的长度，蘑菇清理干净。

2 平底锅加热橄榄油，将步骤1的食材稍微嫩煎。用盐、胡椒粉调味。

酱汁

1 在化黄油中加入低筋面粉混合。
2 加热炖小羊汤汁，慢慢加入70~100g步骤1的混合物，慢慢加入鲜奶油，煮至浓稠。

完成

炖小羊肉切成约2.5cm厚度（1人份），用汤汁加热之后装盘。浇上料汁，配上德国面疙瘩、嫩煎四季豆和口蘑一同食用。

P121

鸡蛋柠檬浓汤炖小羊肉

Osteria Dello Scudo

材料

炖底料
[2人份]

小羊肩肉（整块）…500g
洋葱（切碎）…1/6个
培根（切碎）…30g
白葡萄酒…100mL
小羊骨汤（省略说明）…250g
水…250mL以上

A ┌ 蛋黄…4个
 │ 佩哥里诺奶酪…20g
 └ 柠檬皮和柠檬汁…各1/4个

洋蓟…1/2个
橄榄油…适量
盐…适量
蚕豆、豌豆、佩哥里诺奶酪、牛至叶…各适量

做法

1 将小肩肉切成大块，撒上盐之后静置一会儿。

2 锅中倒入橄榄油，烧热后，将步骤1的小羊肩肉表面稍稍煎至上色。

3 加入洋葱碎及培根碎一起炒。加入白葡萄酒、小羊骨汤和水。肉穿扦之前稍微煮一下，使肉容易穿入。

4 将食材A混合。

5 洋蓟清理之后切成方便食用的大小。将步骤3的肉煮至变软。

6 用餐时将步骤5的食材放入锅中煮至收汁。水气散尽之后关火，加入步骤4的食材。用勺子搅拌增稠，避免鸡蛋凝固。火不要开太大，否则影响黏稠度。

7 装盘之前将蚕豆和豌豆稍微焯水之后混入步骤6的食材中。装盘，撒上培根碎、佩哥里诺奶酪、牛至叶。

P121

苏格兰浓汤

The Royal Scotsman

材料

[约4人份]

小羊肩肉（带骨）…200g
香料束*…1个
洋葱（切成1cm见方的块状）…100~120g
芹菜（切成1cm见方的块状）…约80g
大葱（切成1cm见方的块状）…250~300g
胡萝卜（切成1cm见方的块状）…约60g
芜菁（切成1cm见方的块状）…100~120g
土豆（削皮之后切成1cm见方的块状）…200g
燕麦…50g
香芹（切碎）…约2大勺
橄榄油、盐、胡椒粉…各适量

* 将香芹的茎和芹菜的叶子捆在一起，并用棉线绑紧。

做法

1 将小羊肩肉切掉多余肥肉。

2 在较大锅中放入足量的水（菜谱用量外）。放入步骤1的食材稍微焯水1分钟之后，用流水冲洗干净。倒掉锅中热水，洗干净。

3 锅中放入2L水（菜谱用量外），加入步骤2的肉、香料束。煮沸之后舀掉白沫，小火煮2小时使肉变软。

4 从锅中取出步骤3的肉待其冷却，将骨头和肉切开。汤用厨房纸等过滤。分别放入冰箱冷藏一晚。

5 取出步骤4的肉，切成一口大小。除去汤表面凝固的油脂之后，用厨房纸等过滤，使其保持清亮状态。

6 锅加热橄榄油，加入洋葱丁之后炒透明。加入芹菜丁、大葱末一起炒，再加入胡萝卜丁、芜菁丁一起炒。

7 加入步骤5的肉和汤，舀掉浮沫之后开始炖。最后放入土豆丁，并将蔬菜煮至软软。

8 即将煮好之前放入燕麦及香芹。燕麦煮软之后，用盐、胡椒粉调味。

MONGOLIA

蔬菜锅

———

■ 西林郭勒（餐厅名，音译，详见P252）

以羊汤为汤底，加入腿肉、内脏、各种蔬菜及粉丝等各种食材做成的汤锅。加入盐渍韭菜花和自制辣油，口感更加浑厚。[菜谱→P126]

CHINA

红焖羊肉

———

■ 羊香味坊

中国东北地区的特色菜，将根茎菜和羊肉放入铁锅一起煮。这种使汤汁中水分蒸发，鲜味被肉、蔬菜吸收的烹饪方法就是红焖。[菜谱→P126]

羊肉汤

———

■ 羊香味坊

将带骨羊腿熬成汤并在其中加入蔬菜。羊肉被视为最能温暖身体的肉食。[菜谱→P127]

番茄羊肉汤

———

■ Bao Kervansaray

阿富汗地区的特色汤菜，用羊的蹄筋熬制成汤。蹄筋的瘦肉尽可能刮干净，避免产生多余的酸味，加入番茄及香味蔬菜使油脂中的鲜味更加适口。[菜谱→P127]

P124

蔬菜锅

西林郭勒

材料
[2～3人份]

土豆…1个
宽粉…20g
羊肝（半解冻）…60g
羊肾（半解冻）…2个
羊心（半解冻）…1个
羊腿肉（半解冻）…150g
白菜（切碎）…2片
大葱（斜切成片状）…适量
木耳（泡发之后切成一口大小）…5～6个
生姜（切丝）…1片
蒜（切碎）…1瓣
A ┌ 盐…1小勺
  │ 砂糖…2小勺
  └ 自制辣油*1、浓口酱油…各2大勺
盐水煮羊肉（P192）的汤汁…300g
水…约700mL
韭菜花酱*2…1小勺
香菜（切碎）…1撮

*1 色拉油中放入红辣椒（各适量），以70℃加热
30分钟左右，且避免烤焦。放入耐热容器内，冷却
之后使用。
*2 韭菜花盐渍之后打成糊状。具有浓烈香味、鲜
味及盐分，可作为火锅蘸料。

做法

1 土豆削皮之后切成半月形的片，用色拉油炸成
焦黄色。宽粉用热水泡发后，再用水清洗。羊
的内脏和腿肉切成薄片。

2 将白菜、大葱（1根切碎）、木耳片、步骤1的宽
粉、羊腿肉放入铜火锅中，在羊腿肉上方撒入
生姜丝、蒜末。

3 另取一口锅，加热1大勺色拉油（菜谱用量外），
加入大葱和内脏，中火炒至内脏变色。

4 在步骤3的食材中加入步骤1的土豆片，稍微炒
一下。混入调料A及盐水煮羊肉的汤汁，煮开。

5 在步骤2的锅中加入步骤4的食材及水，撒上葱
花（切成5cm长的段后斜切薄片）。加入韭菜花
酱，中火加热。白菜煮软之后，撒上香菜。

P124

红焖羊肉

羊香味坊

材料
[4人份]

小羊前腿（或肩肉）…500g
色拉油…15mL
大葱（斜切片）…1根
生姜（切片）…5g
豆瓣酱…30g
A ┌ 八角…3片
  │ 月桂叶…2片
  │ 桂皮…3g
  │ 孜然…2g
  │ 朝天椒…3个
  │ 绍兴酒…20mL
  │ 浓口酱油…10mL
  │ 老抽*1…5mL
  └ 冰沙…5g
水…500mL
胡萝卜（随意切成块）*2…1根
玉米面饼坯、花卷坯（均省略说明）…各适量

*1 可用溜溜酱油代替。
*2 可用萝卜代替。

做法

1 小羊腿肉或肩肉切成3～4cm见方的块状。水洗
之后，放在筛网上沥干水。

2 锅加热油，加入葱片和生姜片一起炒。炒出香
味之后加入豆瓣酱，继续炒出香味。

3 加入步骤1的羊肉，炒2～3分钟。加入调料A，
倒入没过肉的水。煮开，放入胡萝卜块。小火
炖30分钟。

4 用餐时将适量步骤3的食材放入铁锅中，在锅
面贴上玉米面饼坯，再放上花卷坯。盖上锅盖，
加热步骤3的食材，加热玉米面饼和花卷。

P125

羊肉汤

羊香味坊

材料

[约2人份]

手抓羊肉（P193）的汤汁…200mL
芜菁（或萝卜·随意切）…1个
胡萝卜（随意切）…约5cm
大葱（切小段）…3cm
香菜（切碎）…适量

做法

1 加热手抓羊肉的汤汁，加入芜菁、胡萝卜。加热之后，用盐（菜谱用量外）调味。

2 装盘，撒上大葱段及香菜末。

P125

番茄羊肉汤

Bao Kervansaray

材料

[约6人份]

羊蹄筋…500g
水…2.2L
橄榄油…100mL
洋葱（切碎）…大2个
芹菜（切碎）…1根
蒜（切碎）…2瓣
番茄泥…50mL
盐、白胡椒粉…各适量

做法

1 将羊蹄筋肉尽可能刮掉，仅使用蹄筋部分。锅中倒入水，开火，煮沸之后撇去浮沫，小火煮4小时。冷却之后取出蹄筋，切成粗末。此外，汤汁取出备用。

2 另取一口锅倒入橄榄油，加入洋葱炒至焦糖色。加入芹菜末、蒜末一起炒，接着加入番茄泥煮至浓稠。

3 加入蹄筋肉和汤汁，小火煮约30分钟。

4 用盐、白胡椒粉调味，装盘。最后，撒上香菜末（菜谱用量外）即可。

罐焖小羊肉

———

■ Le Bourguignon

用羊肩肉和蔬菜炖制而成的法国传统菜肴。此处仅介绍羊肉的烹饪过程，蔬菜略煎之后加入。此外，羊油的保留程度是这道料理香味及口感的关键。

材料

[4人份]

小羊肩肉…670g

橄榄油…适量

A ┌ 胡萝卜（切碎）…1/2根
  │ 洋葱（切碎）…1/2个
  │ 盐…适量
  └ 水…600mL

白葡萄酒…约30mL

罐头番茄（过滤）…400g

B ┌ 水…600mL
  │ 彩椒粉…0.5g
  │ 四味香辛料…0.5g
  └ 咖喱粉…2g

C ┌ 月桂叶…1片
  └ 百里香…1~2根

盐、胡椒粉、高筋面粉…各适量

水淀粉、黄油…各适量

混合料 [豌豆嫩煎、装有干炒洋葱（做法参见P91）
的万愿寺辣椒、西葫芦和茄子切片嫩煎、豌豆
嫩叶*]…各适量

＊ 豌豆刚长出的嫩芽。

1 如果小羊肩肉肥肉较
厚，适当切掉一些。
切成图示厚度，否则
肥肉太少也会影响香
味及鲜味。

2 用较厚的锅加热橄榄
油，小火慢炒食材A。
炒至上色之后均匀混
合，将锅底沾上的油
脂也充分混合。

3 平底锅刷上一层橄榄
油并预热，将撒上
盐、胡椒粉并裹上薄
薄一层高筋面粉的肉
放入锅中，使肥肉一
面煎出香味。

4 肉整体煎香并上色之
后先取出，将肥肉
丢掉。

5 将白葡萄酒倒入步骤4
的食材中，将肉表面
的油脂刮擦溶化。接
着，将其过滤于步骤2
的锅中。加入罐头番
茄，放入烤好的肉。

6 加入调料B，刮擦锅
面附着的油脂，使其
混入汤汁中。煮开之
后，撇去浮沫。

7 加入调料C，盖上锅
盖，放入烤箱以200℃
烤约1小时。烤制过
程中，每隔20~30分
钟搅拌一次。

8 用餐时重新加热，加
入水淀粉及黄油，增
加黏稠度。撒上胡椒
粉之后装盘，配上混
合料。

小羊肉蔬菜古斯古斯面

粗粒小麦粉制作的古斯古斯面，是世界上最古老的通心粉。用羊骨和蔬菜煮汤汁，并用汤汁的蒸汽加热古斯古斯面。用餐之前，浇上足量汤汁。

■ Enrique Marruecos

材料

[方便制作的分量（古斯古斯面500g）]

汤汁

小羊肩腰肉（整块）*1···1kg
洋葱（切片）···400g
盐···1小勺+约1小勺
罐头番茄（切小块）···200g
A ⎡ 生姜粉···2小勺
　⎢ 姜黄根粉···2小勺
　⎣ 黑胡椒粉···1/4小勺
香菜和意大利香芹的香料束*2···1个
芜菁···3个
胡萝卜···2个
西葫芦···1根
南瓜···1/4个

圆白菜（切成菱形）···1/8个
橄榄油···适量
水···3L

古斯古斯面

古斯古斯面（中粒）···500g
水···适量
橄榄油···适量
黄油···10g
盐···1～2小勺

*1 使用带骨切小块的肉更接近传统风味。
*2 将几节香菜及意大利香芹用棉线捆绑一起。

● 古斯古斯面锅是由蒸锅（底部开小孔）和锅重叠组合而成的摩洛哥厨具。下层煮肉、蔬菜，产生的蒸汽对上层的古斯古斯面进行加热。此外，蒸的过程中锅盖敞开。

做法

1 小羊肩腰肉切成5cm见方的块状。在古斯古斯面锅的下层刷上一层橄榄油，开大火均匀煎熟肉的表面。

2 整体煎至上色之后，加入洋葱及盐（1小勺），从锅底翻炒搅拌均匀。洋葱炒软，肉充分入味之后，加入罐头番茄继续炒。炒软之后，加入调料A。加入水及香料束，煮沸腾，如图（a）。

3 将古斯古斯面放入较大的盆中，慢慢加入水，并用手充分搅拌混合。以此静置5分钟，使其吸水。加入水，直至即将没过古斯古斯面。根据古斯古斯面的状态，调整加水量。如加水过多，面会发黏。小心搅动，放入古斯古斯面锅上层的蒸锅中。

4 将步骤3的蒸锅放入步骤2的锅中，利用汤汁的蒸汽加热20分钟。

5 蒸的过程中，切蔬菜。将芜菁、胡萝卜、西葫芦纵向切成四等份，并修整边角。南瓜切成1～2cm的菱形，并修整边角。

6 将古斯古斯面放入盆中，慢慢加入100～150mL水，并用塑料勺充分搅拌，使面吸收水分。浇上一圈橄榄油，加入黄油，整体搅拌均匀。加盐，用手将面撕成一粒一粒，并放回古斯古斯面锅的上层中。

7 同步骤4一样蒸20分钟（第2次蒸），同步骤6一样加入约100mL水。尝味道并用盐调味，同步骤6一样撕开之后放回古斯古斯面锅的上层中，再蒸20分钟（第3次蒸）。此时，下层的锅中加

入圆白菜开始煮，煮好之前10分钟加入其他蔬菜继续煮。汤汁收至一半，肉也变软之后煮好，如图（b）。加入盐（约1小勺），对汤调味。

8 将古斯古斯面装盘，放上肉之后整体均匀浇上汤汁，如图（c）。在肉周围，呈放射状摆上蔬菜，如图（d）。最后，再次浇上汤汁。剩余的汤汁放入小碗内，根据喜好添加。

羊肉干

—

■ Enrique Marruecos

摩洛哥南部沙漠地带的乡土菜，利用食材本身水分蒸煮制成。用番茄煮肉，最后加上鸡蛋。在当地，还会配着面包蘸酱一起吃。

材料

[2人份]

A
- 橄榄油…1大勺
- 蒜（切碎）…1/2小勺
- 洋葱（切碎）…100g
- 罐头番茄（切小块）…150g
- 番茄泥…5g
- 孜然粉…1小勺
- 彩椒粉…1小勺
- 盐…1/2小勺
- 小羊肩腰肉（整块切成1cm见方的块状）…200g

鸡蛋…1个

盐、香菜（切末）、面包…各适量

做法

1 砂锅（直径20cm）中从上方依次放入A中的各个食材，如图（a），盖上锅盖之后小火慢炖，如图（b）。

2 加热至洋葱及番茄水分渗出之后，用勺子同肉充分搅拌混合，如图（c）。

3 盖上锅盖，肉变软之后，继续小火炖至洋葱和番茄变成酱状。加热过程中，多次充分搅拌均匀。感觉烤焦之前补充水分，感觉汤汁即将溢出就稍稍揭开锅盖，使水分散发。

4 用盐调味，打入鸡蛋。撒上香菜末，盖上锅盖，如图（d）。鸡蛋达到半熟之后，配上面包上餐。

混合香料粉油封小羊肉、肉汁土豆西蓝花、大叶芝麻菜沙拉

■ Erick South Masala Diner

小羊肉和土豆、西蓝花一起煮的印度及巴基斯坦的家常菜。肉使用香料粉油封，将蔬菜煮成糊状，是一道充满现代风的精致料理。[菜谱→P135]

西梅炖小羊肉

■ Enrique Marruecos

没有蔬菜，只使用肉和西梅的炖菜，是墨西哥常见的菜肴。洋葱和西梅的甜味能够增加食欲。[菜谱→P136]

猪油炖小羊肉

■ Osteria Dello Scudo

小羊肉及土豆用较多油脂煮制而成。油脂选用橄榄油，茴香籽增添香味，加上醋更加酸甜爽口。[菜谱→P136]

混合香料粉油封小羊肉、肉汁和土豆西蓝花、大叶芝麻菜沙拉

Enrique South Masala Diner

材料

[方便制作的分量]

香料粉油封小羊肉

A
盐…6g
砂糖…3g
自制咖喱粉（省略说明）…15g
印度酥油…15g

色拉油…适量
小羊肩肉…500g

B
蒜（捣碎）…12g
百里香…5根
月桂叶…3片

肉汁土豆西蓝花

土豆…200g
西蓝花…100g
色拉油…15g

A
洋葱（切碎）…50g
生姜（切碎）…5g
青辣椒（生·切碎）…2g
咖喱叶…2g

小羊肉混合香料肉汁及浓缩汤汁…适量

B
香菜（切碎）…3g
柠檬汁…5g
芥末粒…10g

沙拉

香菜、大叶芝麻菜…各适量
橙子（果肉）…适量
意大利油醋汁（省略说明）…适量

番茄酸辣酱、绿混合香料粉（P177）、辣椒粉、
孜然粉…各适量

做法

香料粉油封小羊肉

1 将调料A混合，慢慢加入色拉油，搅拌成糊状。

2 将小羊肩肉按100g分切，放入步骤1的食材。连同调料B一起放入真空袋中，放入冰箱静置一儿大。

3 用80℃的热水，将步骤2的真空袋烫3~4小时。肉变软之后取出待其冷却，加入肉、肉汁（汤汁）、浓缩汤汁（油脂）。

肉汁土豆西蓝花

1 土豆煮过之后捣成粗粒。西蓝花也焯一遍水。

2 锅加热色拉油，炒调料A。炒香之后，加入步骤1的食材。将全部小羊肉混合香料肉汁、一半浓缩汤汁、适量水（菜谱用量外）翻炒均匀并煮化。

3 变成偏硬的土豆泥状之后，加入调料B之后关火。最后，用盐调味。

沙拉

香菜、大叶芝麻菜切大块，同橙子混合，并用意大利油醋汁调味。

完成

将香料粉油封小羊肉分切，用橄榄油煎过之后，连同重新加热的肉汁土豆西蓝花一起装盘。将番茄酸辣椒、绿混合香料粉放入盘中，撒上辣椒粉、孜然粉。

P134

西梅炖小羊肉

Enrique Marruecos

材料

[4~5人份]

A
- 橄榄油…适量
- 小羊肩腰肉（肉块切成拳头大小）…1kg
- 蒜（切碎）…1/2小勺
- 洋葱（切碎）…400g
- 姜黄根粉…1小勺
- 生姜粉…1小勺
- 黑胡椒碎…1撮
- 盐…1/2~1小勺

桂皮（长约5cm）…1根
西梅（带核的颗粒饱满状态）…20粒

B
- 桂皮（长约5cm）…1根
- 肉桂粉…1/4小勺
- 砂糖…2汤匙

黄油…10g

※ 也可使用大腿肉、臀腰肉、肩肉。如果使用带骨大块肉，更接近当地口感。

做法

1 将食材A放入厚底锅中，盖上锅盖小火炖。其间，多次充分整体搅拌。

2 洋葱碎炒软、充分溢出水分后，加入桂皮（1根），倒入刚刚没过食材的水（菜谱用量外）。盖上锅盖，将肉充分煮软。中途如有需要，可加水。

3 肉变软之后用盐调味，关火。如汤汁较多，先取出肉，敞开锅盖大火煮收汁之后放回肉。

4 煮西梅。将洗过的西梅、没过西梅的水（菜谱用量外）及食材B放入另一口厚底锅中中火加热，沸腾之后盖上锅盖，小火煮15~20分钟。

5 西梅吸收汤汁、变软之后，加入黄油。煮1分钟后关火。

6 将步骤3的肉装盘，浇上汤汁。再浇上一点西梅汤汁，放上西梅。根据喜好，撒上白芝麻和带皮炸过的杏仁（均为菜谱用量外）。

P134

猪油炖小羊肉

Osteria Dello Scudo

材料

[约4人份]

小羊肉（肩或腿等肉块）…500g
盐、黑胡椒碎…各适量
洋葱…150g
土豆…200g
猪油…约70mL
蒜（捣碎）…1瓣

A
- 迷迭香…1根
- 月桂叶…1片

白葡萄酒…适量
刺山柑…25g
小羊骨汤（省略说明）…250g
水…250mL
白葡萄酒醋…30mL
马背奶酪（或佩哥里诺奶酪）…10g

做法

1 小羊肉切成方便食用的大块，撒上盐、黑胡椒碎。

2 洋葱切厚片，土豆切成肉块同样大小。

3 锅加热猪油，炒香蒜末。接着，加入小羊肉和调料A一起炒。

4 肉稍微上色之后加入洋葱片，继续炒至洋葱变软。

5 加入土豆块搅拌均匀，加少许白葡萄酒。加入刺山柑，注入没过食材的小羊骨汤和水。炖约30分钟，直至竹签能够穿透土豆的程度。

6 加入少量白葡萄酒醋，快速混入马背奶酪。装盘。

内脏及其他

第 4 章

ITALIA

烤羊小肠卷大葱

——

■ Osteria Dello Scudo

用新鲜的小羊或山羊的小肠缠绕意大利香芹、大葱等，并用炭火烤制而成的美食。据说起源于希腊殖民时代。

材料

[约1人份]

羊小肠…100g
大葱…2根
意大利香芹…适量
干红辣椒（打成粗粒）、橄榄油、柠檬（切成菱形）、
　盐…各适量

• 羊小肠按圆肠（未打开的筒状小肠）进行处理，使用靠近尾部较长部分。

做法

1　小肠内外充分水洗。

2　大葱切掉根部及葱叶。连同意大利香芹一起用步骤1的小肠缠绕卷起，如图（a），缠绕至端部之后打结，并塞入端部内，如图（b）、图（c）。

3　使用炭火烤，或者在烤箱的烤架上烤，如图（d）。稍微撒点盐，转动避免烤焦，烤制大葱内部变软，即整体均匀受热。

4　撒上盐，装盘。撒上少量干红辣椒及橄榄油，配上柠檬及意大利香芹一同食用。

（a）

（b）

（c）

（d）

肚包杂碎

■ The Royal Scotsman

将羊内脏、燕麦、洋葱等原本塞入羊肚
中的苏格兰特色菜肴。只用盐、胡椒调
味，各种内脏包含其中，口味丰富。

材料

[15人份（成品总重量约1.25kg，每份约重80g）]

小羊心（生）…500g
小养肝（生）…200g
小羊舌（生）…250g
小羊肾（生）…250g
香料束*¹…1个

A
├ 洋葱（切成2cm见方的块状）…1/2个
├ 芹菜（切成2cm见方的块状）…1/2棵
└ 小羊肥肉（切成5mm见方的块状）…75g

燕麦片*²…50g
盐…食材重量的1.5%
黑胡椒（磨碎）…食材重量的0.3%
土豆…适量
苏格兰威士忌*³…适量
人工肠衣*⁴…适量

*1 将半根芹菜的叶、1片月桂叶、葱叶用棉线绑
在一起。此外，也可不使用大葱。
*2 燕麦蒸过之后用辊轴压成片状的成品。
*3 适合掩盖内脏特有浓烈气味的浓郁烈酒。
*4 传统做法为使用羊肚，此处使用人工肠衣。

1 从左至右、从上至下依次为小
羊的心、肝、舌、肾。采购时
就是处理后的状态，不需要再
清理。

2 全部用流水仔细清洗，洗掉污
垢。为了保留内脏特有的风
味，均使用整个内脏。

3 放入锅中，加入足量的水（菜
谱用量外）后开火。煮沸之
后，撇去浮沫。

4 将所有热水连同浮沫一起倒
掉，羊内脏及羊舌分别用流水
仔细冲洗，锅也要清洗。并
且，重复此过程2次。

5 再次放入锅中，加入足量的
水（菜谱用量外）开火。煮沸
腾之后转小火，加入香料束炖
1小时。

6 用漏勺捞起后沥干水，大致散
热之后放入冰箱静置一晚（此
时应适度将其干燥，以免成品
太湿）。

7 将步骤6的食材分别切成2cm
见方的块状之后混合一起。

8 使用食品处理机打成大麦颗粒
大小（羊舌水分多，单独处理
容易变得黏稠，步骤7必须同
其他内脏一同均匀混合）。

9 同步骤8一样用食品处理机将
食材A打成粗粒。连同步骤8的
食材、燕麦片，一起放入盆中。
接着，加入盐、黑胡椒碎。

10 用双手将步骤9的食材充分
混合。

11 将人工肠衣（95.5mm×
200mm/填充直径61mm）
泡入水中，使用时拧干水分。

12 抓住人工肠衣的一侧，用卡
扣固定形成口袋状。

13 从敞开一侧塞入步骤10的食
材，撑开之后拧紧另一侧
端部。

14 用卡扣固定。每段肠衣内均
塞入450g馅料。

15 锅中放入热水，筛网颠倒之
后放入。将步骤14的食材放
在筛网上，蒸45～60分钟。
也可使用蒸锅。

16 蒸的过程中制作土豆泥。将
土豆削皮，切成一口大小之
后煮柔软。

17 放入筛网中，放置一会使多
余水分散发。

18 放入盆中，用叉子捣碎不得
留下硬块。

19 蒸好之后肠衣膨胀呈图中所
示状态。取出之后装盘，配
上土豆泥。

20 同装入小酒杯的苏格兰威士
忌一起上餐，根据喜好添加
威士忌。

ITALIA

小羊内脏乱炖

—

■ Osteria Dello Scudo

菜名中的内脏主要是小羊或山羊的内脏。
在意大利中部流行的菜品，但制作方法
因人而异。[菜谱→P146]

ITALIA

洋葱炒小羊内脏

———

■ Osteria Dello Scudo

意大利南方著名菜品，制作方法各异。
将洋葱充分炒出甜味，更能衬托出内脏
的鲜味。[菜谱→P146]

凉拌羊肝

■ Tiscali

新鲜的小羊肝低温蒸汽稍微加热，保留食
材原有口感。最后，加上盐及橄榄油即可
上餐。[菜谱→P147]

意式青菜叶
卷焯水小羊杂

■ Osteria Dello Scudo

意大利某地区的复活节传统菜肴。用青菜
卷起常见的内脏食材，煮制而成。小火加
热，保留原味。[菜谱→P147]

小羊内脏乱炖
Osteria Dello Scudo

材料

[约10人份，内脏的重量均为煮熟后称重数]

白葡萄酒醋…适量
小羊的小肠和大肠（煮后）…共300g
小羊舌…80g
小羊肺…420g
小羊气管…100g
小羊皱胃*1…150g
小羊肚…400g
猪油膏…50g
干红辣椒…3根
含月桂叶、迷迭香、鼠尾草、百里香的香料束…1个
红彩椒…5个
A ┌ 白葡萄酒…500mL
  │ 水（最好是小羊汤）…1L
  └ 番茄酱*2…1kg
佩哥里诺奶酪…适量
橄榄油…适量
盐…适量

*1 反刍动物胃的第四部分，附有消化腺体，也被称为"腺胃"。
*2 过滤之后的番茄酱塞入瓶中。

做法

1 大锅煮沸热水，加入适量白葡萄酒醋。

2 将全部内脏仔细水洗，另取一口锅焯水。放入冷水中，将黏液、多余油脂、血管等清理干净。接着，全部切成一口大小。

3 锅中倒入番茄酱，放入少量橄榄油。放入干辣椒、香料束、步骤2的食材，将内脏类稍稍加热上色。

4 在此过程中，用烤箱以220℃烤红彩椒，剥皮去子，用搅拌机打成泥。

5 将食材A及步骤4的食材加入步骤3的食材中，炖2小时使内脏类变软、入味。

6 用盐调味，加入部分佩哥里诺奶酪及橄榄油。装盘，刮入适量佩哥里诺奶酪。

洋葱炒小羊内脏
Osteria Dello Scudo

材料

[约4人份]

A ┌ 橄榄油…适量
  │ 蒜（捣碎）…1瓣
  └ 干红辣椒…1根
五花肉干（撕大块）…30g
洋葱（切片）…1个
含迷迭香、月桂叶、鼠尾草、百里香、薄荷的香料束…1个
小羊肝…100g
小羊心…1/2个
小羊肾…1/2个
白葡萄酒…适量
干甜辣椒…适量
煎炸油…适量
薄荷、佩哥里诺奶酪、特级初榨橄榄油、盐…各适量

做法

1 锅加热食材A，将撕碎的五花肉干稍微炒一下。加入洋葱片和香料束，充分混合。盖上锅盖小火慢煮，使洋葱水分渗出、变甜。

2 小羊的内脏类全部切成一口大小，撒入较多盐。

3 步骤1的洋葱变得足够甜之后，用平底锅将步骤2的食材稍微炒上色。

4 将步骤1的食材及白葡萄酒加入步骤3的食材中，小火煮使内脏类稍微加热（根据需要添加少量水）。

5 剥开干甜辣椒去子，低温炸成香酥状态。

6 步骤4的内脏类适当加热之后，加入佩哥里诺奶酪混合一起，装盘。放上步骤5的食材及薄荷，撒上佩哥里诺奶酪及特级初榨橄榄油。

P145

凉拌羊肝

Tiscali

材料

[约2人份]

小羊肝…100g
盐、橄榄油…各适量
粗盐、特级初榨橄榄油、香草（芝麻菜、意大利香
　芹、小葱、香菜）…各适量

做法

1　使用新鲜的小羊肝，同盐、橄榄油一起放入密
　封袋中，放入冰箱冷藏4～5小时。

2　放入蒸汽式烤箱中，以78℃加热约20分钟（根
　据羊肝的大小及厚度，调整加热时间）。

3　将羊肝从烤箱中取出后切薄片，装盘。搭配粗
　盐、特级初榨橄榄油、香草一同食用。

P145

意式青菜叶卷焯水小羊杂

Osteria Dello Scudo

材料

[约4人份]

小羊肝…1/4个
小羊心…1个
小羊舌…1个
小羊膈膜…1头羊的量

A
*1

- 蒜…1瓣
- 干红辣椒…1个
- 迷迭香…3根
- 鼠尾草…1根
- 月桂叶…2片
- 茴香籽…1撮

佩哥里诺奶酪…适量
网油…适量
青菜（最好是厚皮菜*2）…4片
小羊圆肠（参照P139）…1头羊的量
小羊骨汤…适量
番红花…极少量
盐…适量

*1　香草均使用生的。
*2　与菠菜形似的蔬菜，又称之为紫叶甜菜。

做法

1　内脏类纵向切成同样大小。撒多点盐，均匀撒
　入撕碎的调料A及佩哥里诺奶酪。

2　将步骤1的食材拌匀。

3　摊开煮过的青菜并放上步骤2的食材，卷起。用
　盐揉搓清洁后的小羊圆肠卷起绑紧。

4　将步骤3的食材放入锅中，倒入小羊骨汤至步骤3
　的食材一半左右高度。加入番红花，慢慢加热。

5　装盘。

德比尔特羊腰子

■ The Royal Scotsman

小羊肾脏用甜辣酱汁煮过之后放在吐司面包上，最早是英国贵族的早餐。充分保留肾脏的腥味，回味悠长。[菜谱→P150]

熏制小羊舌

■ Wakanui lamb chop bar juban

使用月龄为3~6个月的小羊羔的舌头熏制而成的下酒小菜。非常柔软，浓缩的鲜味及熏肉香味让人回味无穷，适合搭配任何酒。[菜谱→P150]

煮小羊舌 配绿酱汁和酸奶

■ 酒坊主

煮小羊舌的过程中不加盐，煮好之后在汤汁中加入盐及花椒，边冷却边吸入盐分及香味。配上香草酱及酸奶，清爽美味。[菜谱→P151]

P148

德比尔特羊腰子

The Royal Scotsman

材料

[4人份]

小羊肾…8个
腌泡汁
　芒果酸辣酱（成品）…1小勺
　芥末…3大勺
　柠檬汁…1小勺
　盐…2g
　卡宴辣椒粉…1/2小勺
　番茄泥…1大勺
　辣酱…1大勺
小麦粉…30g
洋葱（切薄片）…1个
黄油…1大勺
水…300mL
盐、胡椒粉…各适量
吐司面包…1片
黄油、香芹（切碎）…各适量

做法

1　小羊肾撕下薄膜，除夫多余油脂。竖直对半切
　　开，用流水洗干净血水，并用厨房纸擦干水。

2　混合配料，制作腌泡汁。

3　将步骤1的食材浸入腌泡汁中，室温条件下静置
　　1小时。中途多次搅拌混合，使其入味。

4　从腌泡汁中取出肾脏，用厨房纸擦干水。整体
　　撒上小麦粉，腌泡汁放一边备用。

5　平底锅中放入足量黄油，开火使其化开。放入
　　洋葱片，炒至透明。加入步骤4的肾脏，稍微炒
　　一下。加入腌泡汁及水，煮收汁。接着，用盐、
　　卡宴胡椒粉调味。

6　吐司面包上涂上化黄油，放上步骤5的食材，撒
　　上香芹碎。

P149

熏制小羊舌

Wakanui lamb chop bar juban

材料

[方便制作的分量]

小羊舌…200g
A　┌蒜（切片）…2瓣
　　│月桂叶（手撕）…2片
　　│黑胡椒粒（粗粒）…15粒
　　└岩盐…25g
烟熏木（樱花木）…0.5根
法式第戎芥末酱、车窝草…各适量

做法

1　用调料A腌泡小羊舌，放入冰箱冷藏1天。

2　第二天用水清洗小羊舌沾上的盐分之后，放入
　　锅中。加入足量的水（菜谱用量外），中火煮约
　　2小时使其变软。如出现白沫，应及时舀掉。

3　小羊舌趁热剥皮。

4　烟熏木放入炒锅中，放上网格架，再放上步骤3
　　的食材。盖上锅盖开小火，熏制约1小时。冷却
　　后放入冰箱冷藏半天，使其更入味。

5　将步骤4的食材切成薄片之后装盘，配上法式第
　　戎芥末酱、车窝草。

P149

煮小羊舌 配绿酱汁和酸奶

酒坊主

材料

[1人份]

A ┌ 小羊舌…6个
　├ 绍兴酒…50mL
　└ 生姜…1块
花椒…1小勺
绿酱*1、酸奶*2…各适量

*1 将4根香菜、1包薄荷、2个青椒、1个酸橙、75mL
太白香油、1小勺盐、1小勺鱼露放入食品处理机中
打成糊。

*2 直接食用应将酱料沥干水分，使其口感变得浓
醇。可根据喜好，自行调配。

做法

1 将食材A放入锅中（舌头留皮），加入足量水（菜
　谱用量外）。煮沸之后撇掉白沫，以微微沸腾的
　火力炖1.5小时。

2 汤汁趁热加入盐（菜谱用量外），汤汁需要饮用
　时调低浓度。加入花椒，常温条件下冷却。

3 将步骤2的食材切成方便食用厚度之后装盘，浇
　上绿酱及酸奶。如盐分不足，可添加鱼露（菜
　谱用量外）。

剁椒羊头肉

（煮羊头 浇荞头汁）

■ 南方 中华料理 南三

羊头对半切开，充分煮。羊舌及羊脑另外煮，适当加热。酱汁使用发酵辣椒及荞头等调制而成，正适合有膻味的肉类。[菜谱→P154]

胡辣羊蹄
（辣煮羊蹄）

■ 南方 中华料理 南三

羊蹄同香辛料、香味蔬菜一起煮过之后充
分入味并变软。从上方均匀浇入含热香辛
料的香油，香味四溢，非常适口。[菜谱→
P155]

SAKE & CRAFT BEER BAR

油炸小羊心

■ 酒坊主

膻味少的小羊心裹上含香辛料的面衣，炸
过之后口感松软。配上盐和自制哈利沙拉
酱，增添香味。[菜谱→P155]

剁椒羊头肉
（煮羊头 浇荞头汁）

南方 中华料理 南三

材料

[6人份]

小羊头（竖直对半切开）…1/2头小羊的量
小羊舌…5个
小羊脑…5个
白卤水
  水…4.5L
  盐…125g
  米酒*1…100mL
  月桂叶…5片
  柠檬草…1根
  生姜…适量
  陈皮*2…3片
  花椒…2g
  芹菜叶…适量
A ┌ 剁椒*3…100g
  ├ 盐渍荞头…100g
  ├ 芹菜…50g
  └ 生姜…50g
花生油…适量
香味酱油（李锦记）…适量
香菜（切碎）…1棵

*1 用大米制作的蒸馏酒。
*2 橘皮晒干后制成的香辛料。
*3 红辣椒（生）和蒜切碎，撒上盐之后发酵1年制成的香辛料。

做法

1　将小羊头和小羊舌分别用水煮。小羊脑用流水清洗，除去血管之后分成小块。小羊头和小羊舌也用流水清洗。

2　将制作白卤水的配料放入锅中，煮开。适量取一些，将小羊头、小羊舌、小羊脑分别煮。煮开之后加入白卤水，并再次煮开。舀掉浮沫，转小火。煮制时间为小羊头1.5小时，小羊舌约1小时，小羊脑约5分钟。达到能够穿入竹扦的柔软程度表示煮好。全部煮好之后，直接浸泡在汤汁中放入冰箱冷却。

3　将食材A分别切碎之后放入盆中，浇上没过食材的热花生油。接着，用香味酱油调味。

4　从步骤2的小羊头上剥下肉。将羊舌、羊脑切成方便食用的大小，连同小羊头一起装盘。浇上足量步骤3的食材，撒上香菜末。

P153

胡辣羊蹄

（辣煮羊蹄）

南方 中华料理 南三

材料

[6人份]

潮州卤水（汤）

A
- 水…4L
- 猪背肥肉…500g
- 鸡爪…500g
- 鸡架骨…500g

B
- 大葱叶…2根
- 生姜（切薄片）…3片
- 盐…100g
- 绍兴酒…75mL
- 冰糖…150g
- 生抽*…200mL
- 草果…适量
- 甘草…适量
- 八角…适量
- 月桂叶…适量
- 花椒…适量
- 桂皮…适量
- 陈皮…适量
- 柠檬草…适量
- 咖喱…适量

羊蹄（1个）…600g

C
- 月桂叶…适量
- 干红辣椒…适量
- 茴香籽…适量
- 花椒…适量
- 一味辣椒…适量

* 淡味酱油。

做法

1 调制潮州卤水。将食材A放入锅中煮沸，撇去浮沫之后小火加热约2小时。过滤之后，加入材料B。煮开之后关火，待其冷却。

2 羊蹄煮开之后放入筛网中，用水洗。潮州卤水煮沸之后加入羊蹄，煮开之后撇去沫。转小火，炖约2小时。泡在汤汁中，待其冷却。

3 用餐前将步骤2的食材放入大盘中，用蒸笼加热。

4 加热的同时将花生油（菜谱用量外·适量）加热至150℃。加入调料C，继续加热至产生香味。

5 将热腾腾的步骤4的食材浇在已加热的步骤3的食材上。

P153

油炸小羊心

酒坊主

材料

[1人份]

小羊心…1/3个
辣椒…1个
面衣
  低筋面粉…100g
  玉米淀粉…50g
  盐…2/3大勺
  烘焙粉…1/2小勺
  水…150mL
  橄榄油…1/2大勺
  卡龙吉籽*1…1/3小勺
煎炸油…适量
粗盐、自制哈利沙拉酱*2
熏制结晶片盐…各适量

*1 也称作黑香菜、罗马香菜等，是一种黑色颗粒状香料。
*2 由35g红辣椒（干·粗颗粒）、2大勺彩椒粉、1小勺香菜籽粉、1小勺孜然粉、6大勺橄榄油、1/2大勺盐混合制成。

做法

1 将小羊心用纸巾擦掉血水，切成一口大小。辣椒切成一口大小。

2 混合面衣配料。

3 将煎炸油加热至120℃，炸辣椒。煎炸油的温度加热至170℃，对裹上面衣的步骤1的食材进行炸制。沥干油时，撒上粗盐。

4 装盘，撒上自制哈利沙拉酱。最后，配上熏制结晶片盐。

云南思茅炒
小羊胸腺肉

———

■ Matsushima

将广东菜炒羊脑换成胸腺肉。用大量油煎炒，产生香味及颜色。并且，用大量的香味蔬菜增添香味。[菜谱→P158]

炖小羊胸腺肉沙拉

———

■ BOLT

胸腺肉用黄油烤，增添奶香味。配上西洋醋酱汁，更加清爽。[菜谱→P158]

意式炸小羊胸腺肉

■ Wakanui lamb chop bar juban

新西兰的小羊胸腺肉没有膻味，适合煎炸、嫩煎等。裹上面衣炸制，配上酱料及柠檬汁。[菜谱→P159]

FRANCE

炸小羊胸腺肉

■ BOLT

使用口味醇正的法国产胸腺肉。使用玉米片代替面包糠，更加酥脆爽口，还能凸显胸腺肉的柔软。[菜谱→P159]

云南思茅炒小羊胸腺肉

Matsushima

材料

[2~3人份]

小羊胸腺肉…100g

A ┌ 盐…适量
  │ 胡椒粉…适量
  └ 黄酒*1…适量

低筋面粉、花生油…各适量

山药（削皮之后切成半月状）…5cm

玉米笋…2个

B ┌ 花生油…适量
  │ 干红辣椒…6个
  │ 蒜（切薄片）…1瓣
  └ 四川青花椒…15g

黄酒…适量

调味酱油…适量

花椒盐*2…适量

C ┌ 小葱…适量
  │ 青龙菜*3…适量
  │ 莳萝…适量
  │ 韭菜…适量
  └ 香菜（切碎）…适量

*1 以米为原料的酿造酒，以绍兴酒为代表。老酒就是黄酒长时间熟化制成。
*2 四川青粒花椒打成粉状并同盐按1：10混合制成。
*3 小葱和韭菜混合而成的野菜。

做法

1 将小羊胸腺肉去筋及薄皮，撒上调料A之后静置一会儿，充分入味。

2 在步骤1的食材上撒上低筋面粉，用较多的花生油炒。

3 将山药及玉米笋过油。

4 将食材B放入炒锅，飘出香味之后慢炒。沿着锅边加入黄酒、调味酱油，翻炒均匀。

5 将步骤2及步骤3的食材加入步骤4的食材中，用花椒盐调味。加入C，大火炒一下之后装盘。

炖小羊胸腺肉沙拉

BOLT

材料

[1人份]

小羊胸腺肉…120g

牛肝菌…80g

小牛肉汤精…适量

菊苣…1把

芥末及蜂蜜的油醋汁*1…适量

黄油…10g

香葱（切碎）…1小勺

蒜（切碎）…1/4小勺

肉类高汤和西洋醋的料汁*2…少量

黑松露…适量

盐、胡椒碎…各适量

*1 由120g蜂蜜、250g法式第戎芥末酱、150mL白葡萄酒醋、25g盐、800g太白香油混合乳化制成。
*2 将50mL西洋醋、10g粗红糖放入锅中加热，熬至表面出现如镜子般反射光线的浓度。最后，加入100g浓缩肉类高汤混合。

做法

1 将小羊胸腺肉残留的血水用流水冲洗干净。水洗之后在热水中浸泡10秒，取出放入冰水中。擦干，用厨房纸包住放入冰箱静置。

2 牛肝菌洗干净之后纵向对半切开，用加盐的小牛肉汤精蒸煮。

3 步骤1的食材切成方便食用大小，撒上少量盐。平底锅中刷上薄薄一层橄榄油（菜谱用量外），大火加热。产生少量烟之后放入步骤1的食材，上下面分别煎出香味并上色。连同平底锅一起放入烤箱，以185℃加热3~4分钟。

4 菊苣用极少量的芥末及蜂蜜的油醋汁拌开，并撒上胡椒碎。

5 取出步骤3的食材，中火加热。在步骤2的食材的切面撒上少量盐之后加入平底锅中，烤出香味并上色。

6 加入黄油使其化开，加热至整体产生香味并变成焦糖色。

7 加入香葱末及蒜末，一起炒。将步骤4的食材装盘，放上对半切开的步骤6的食材。在平底锅中剩下的胸腺肉上撒上少量肉类高汤和西洋醋的料汁，放在步骤7的食材上方，刮上一点黑松露。

意式炸小羊胸腺肉

Wakanui lamb chop bar juban

材料
[2~3人份]

小羊胸腺肉…200g
盐…2.2g
白胡椒粉…1g
低筋面粉…适量
蛋液…1个
粗粒小麦粉…150g
蒜香酱*…适量
柠檬（切成菱形块）…1/6个
车窝草…适量
色拉油…适量

＊ 由100g蛋黄酱、4g大蒜粉、10g法式第戎芥末酱、
10mL牛奶、适量的盐及胡椒粉充分混合制成。

做法

1 小羊胸腺肉剥皮，撒上盐、白胡椒粉。裹上低
筋面粉、蛋液、粗粒小麦粉。

2 将步骤1的食用料用色拉油以180℃炸3～4分钟。

3 将步骤2的食材装盘，配上蒜香酱及柠檬，用车
窝草装饰。

炸小羊胸腺肉

BOLT

材料
[1人份]

小羊的胸腺肉…120g
味美思酱（按以下配料制作后适量取用）
　口蘑（切薄片）…10个
　香葱（切碎）…3根
　白葡萄酒…200mL
　味美思酒…300mL
　肉类高汤*…500mL
　鲜奶油（乳脂含量为35%）…200mL
低筋面粉、蛋液、面包糠…各适量
盐、煎炸油…各适量
柠檬…适量

＊ P77的肉类高汤煮收汁之前状态。

做法

1 将小羊胸腺肉预处理（参照左侧的意式炸小羊
胸腺肉）。

2 制作味美思酱。
　①锅加热橄榄油（菜谱用量外），小火将口蘑及
　　香葱炒软，且避免上色。
　②加入白葡萄酒及味美思酒，煮至黏稠。
　③加入肉类高汤，煮收汁至1/3量。
　④加入鲜奶油，煮收汁至黏稠。

3 对步骤1的食材撒盐，依次裹上低筋面粉、蛋液、
面包糠。放入加热至170℃的油中，稍微炸一下。

4 装盘，配上味美思酱和柠檬。

青岩古镇炖羊蹄

■ Matsushima

贵州省青岩古镇的名菜。羊蹄煮软且保
留一定嚼劲，口感甜香。鱼腥草的特
殊酸甜香味是这道菜不可或缺的提味
关键。

材料

[2~3人份]

小羊蹄（冷冻）…3个

A
- 水…4L
- 老抽…30mL
- 白糖…100g
- 老酒…200mL

B
- 八角…4g
- 陈皮…3g
- 甘草（棒）…适量
- 甘草粉…适量
- 丁香（棒）…4g
- 月桂叶…3~4片
- 生姜…大1瓣
- 蒜头…5~6瓣
- 大葱（绿色部分）…3~4根
- 草果（棒）*…10g

蘸汁
- 生抽…适量
- 黑醋…适量
- 白糖…适量
- 毛汤…适量
- 香油…适量
- 辣油…适量
- 生姜（切碎）…适量
- 蒜（切碎）…适量
- 煎辣椒…适量
- 鱼腥草的茎…适量
- 大葱（切碎）…适量
- 香菜（切碎）…适量

* 姜科植物草果的果实干燥制成的
香料。可用于香辛料、中草药等。

• 鱼腥草的茎叶。
可直接炒或入
药。除了稍有涩
味的香气，还有
苦味及甜味，口
感脆。

做法

1 羊蹄焯水，除去腥味，如图（a）。

2 将食材A放入炒锅中，煮沸。接着，加入调料B。

3 将步骤1的食材加入步骤2的食材中煮开，转小
   火炖3小时左右。汤汁减少之后，适量添加。不
   能煮得太软，保留一些嚼劲，如图（b）。

4 调制蘸汁。将生抽、黑醋、白糖按6：4：1的
   比例混合。尝一尝步骤3的汤汁的口感，太浓则
   加入少量毛汤进行调整。加入少量香油及辣油，
   辣油的量是香油的两倍。接着，加入其他配料
   一起混合。生姜末和蒜末均少量、等量加入。
   大葱和鱼腥草的使用量为生姜的6倍左右。煎辣
   椒的使用量为生姜的两倍左右，如图（c）。

5 将步骤3的食材装盘，配上步骤4的蘸汁及足量
   香菜。

（a）

（b）

（c）

番茄炖羊肚

■ Tiscali

用新鲜且没有腥味的羊胃多次焯水之后
炖制而成的美味。每次焯水后均用热水
洗，将污垢及油脂清理干净。

材料

[方便制作的分量]

小羊的胃袋…1只羊的量

小羊的小肠…1只羊的量

水、醋…各适量

A ┌ 洋葱（切片）…1个
　├ 胡萝卜（切片）…1个
　└ 芹菜（切片）…1根

B ┌ 白葡萄酒…约100mL
　│ 孜然…1小勺
　│ 月桂叶…1片
　│ 罐头番茄（过滤）…180mL
　│ 卡宴辣椒粉（粗粒）…适量
　│ 蔬菜或鸡肉汤（省略说明·加水）
　└ 盐…各适量

意大利香芹（切碎）…适量

做法

1 胃袋和小肠用热水（42℃）洗掉污垢之后，再用醋水焯过之后倒掉水（重复4次）。清洗时，用手刮掉油脂及污垢，如图（a）。内侧及外侧均不得残留污垢、油脂，如图（b）。

2 将步骤1的食材按长约5cm、宽约5mm切整齐，如图（c）。

3 锅加热橄榄油（菜谱用量外），将食材A炒软。

4 加入食材B整体混合均匀，如图（d），煮开。焯水之后，基本不会有浮沫。按冒出小气泡的火力，将羊肚和汤汁煮均匀。中途可补充水分。

5 关火，冷却之后放入冰箱冷藏一晚。重新加热之后装盘，撒上意大利香芹碎。

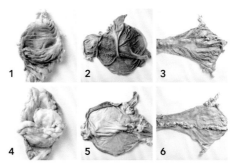

- 图1及图2为第一胃和第二胃相连的状态，图1为内侧，图2为外侧。表面带有的大量油脂焯水之后再用热水洗掉。图3及图4为第三胃和第四胃相连的状态，图3为内侧，图4为外侧。出厂之前已清洗，但仍有含消化物的黄色污垢及油脂残留。图5及图6为小肠的切开状态，图5为内侧，图6为外侧。小肠外侧也带有许多油脂，同样仔细清除。

第 5 章　咖喱

INDIA

海德拉巴羊肉香饭

———

■ Erick South Masala Diner

烹制方法各不相同，此处将煮过的米和羊肉咖喱酱分层重叠，并采用蒸烤的方法。通过密封，产生浓厚香味。[菜谱→ P166]

材料

[方便制作的分量]

混合香料粉

带骨羊肉（冷冻·整块）…500g

罐装番茄…125g

水…200mL

盐…8g

色拉油…25mL

生姜和蒜泥（P169）…40g

青辣椒（生·切圈）…6g

红洋葱泥（P169）…125g

A
┌ 香菜籽粉…10g
│ 卡宴辣椒粉…2g
│ 孜然粉…2g
│ 姜黄根粉…2g
│ 自制浓醇三味香辛料*…5g
└ 盐…3g

酸奶…75g

印度香饭

B
┌ 水…2L
│ 盐…20g
│ 小豆蔻…8粒
│ 丁香…8粒
│ 黑胡椒粒…16粒
│ 桂皮…长3cm，2个
│ 八角…2个
└ 月桂叶…2片

香米…360g

完成

香菜…20g

干薄荷…2g

牛奶…30mL

番红花…1撮

姜黄根粉…2g

黄油…50g

番茄（切成半月形）、红洋葱（切薄片）、青辣椒
（竖直对半切开）、香菜（切碎）…各适量

* 也可用成品的三味香辛料（10g）代替。

混合香料

1 带骨羊肉解冻，并用温水冲洗
几次，除去血水、油脂、异味。

2 将步骤1的食材、罐装番茄、
水、盐放入压力锅中。开火，
以加压状态煮20分钟。

3 加热色拉油，炒生姜和蒜泥，
依次加入青辣椒和红洋葱泥。
加入之后，搅拌均匀。

4 加入调料A，充分炒至表面漂
出油。

5 将步骤2的食材连同汤汁一起
混入步骤4的食材中，整体搅
拌均匀后稍微煮一下。

6 勾芡之后拌匀，最后加入酸奶。

印度香饭的准备

1 将食材B倒入锅中，煮沸。加入印度香米，稍微搅拌混合。

2 以汤汁煮沸、且米在锅中翻滚程度的火力，煮8分钟左右。

3 米煮至约七成熟后，连同香辛料一起放入沥水篮中。

完成

1 将准备好的印度香米（1/3量）塞入专用锅中，铺上一半的混合香料粉。

2 将一半的香菜及干薄荷均匀铺在混合香料粉上。接着，重复一次同样操作。

3 用剩余的印度香米覆盖在表面。番红花泡在牛奶中，加入姜黄根粉混合并静置1小时左右之后浇在饭上。接着，倒入黄油。

4 盖上双层锡纸，并用水湿润过的绳子绑紧固定，使其密封。

5 放入烤箱以200℃加热30分钟，蒸煮一会儿。上餐之前，将锡纸戳破。

6 搅拌混合之后装盘，放上番茄、红洋葱、青辣椒，撒上香菜。

INDIA

羊肉汤菜

■ Erick South Masala Diner

用羊小腿肉简单炖煮而成的菜肴，是巴基斯坦、印度等国家的常见美食。制作时使用大量柠檬榨汁，再加入各种配料。

材料

[方便制作的分量]

带骨羊小腿肉 [冷冻] …1kg
色拉油…30mL
生姜和蒜泥（右侧）…60g
红洋葱泥（右侧）…120g
自制咖喱粉*…40g
水…1L

A ┌ 月桂叶…4片
  │ 八角…2个
  │ 黑胡椒粒…12粒
  └ 桂皮…长3cm×2根

小麦粉…60g
酥油…适量
柠檬（切菱形）
香菜（切碎）
青辣椒（生·斜切薄）
生姜（切丝）
红洋葱（切薄片）、盐…各适量

* 可以用16g香菜籽粉、8g孜然粉、4g卡宴辣椒粉、4g姜黄根粉、8g香味香辛料代替。

• 左：红洋葱泥。垂直于纤维将红洋葱切片，并用色拉油充分炒成糊状。
• 右：生姜和蒜泥。生姜、蒜、水按1：1：2的比例混合，并用搅拌机打成糊状。

做法

1 将带骨羊小腿肉解冻，并用温水洗几次，冲掉血水、油脂及异味。

2 锅加热色拉油，炒熟生姜和蒜泥、红洋葱泥。炒出香味之后，加入自制咖喱粉和盐混合一起。

3 在步骤2的食材中加入步骤1的食材，翻炒均匀。加水，使附着在锅面的油脂溶化，如图（a）。煮开之后加入调料A，并转移至焖烧锅中，如图（b），加热一晚。

4 小心取出肉，避免肉散开。用水溶化小麦粉，并用打发器搅拌均匀（避免结块）之后加入，如图（c），煮开。

5 将肉放回（d），加热。装盘，放入酥油。将柠檬、香菜、青辣椒、生姜、红洋葱装入小盘中。放入装在小盘中的配料，浇上柠檬汁即可食用。

羊肉咖喱锅

■ Bao Kervansaray

带骨羊肉用咖喱锅炖制而成的阿富汗名菜。刚开始以小火蒸煮，再用大火快速收干水分。最后，配上微烤的馕饼。

材料

[2~3人份]

小羊腿肉（冷冻）…180g

A ┌ 生姜（切碎）…1小勺
  │ 蒜（切碎）…1小勺
  └ 酸奶…1小勺

小羊肋排（冷冻）…200g

橄榄油…1大勺
番茄（随意切）…大1个
青椒（纵向对切成两半）…5个
生姜（切粗末）…1大勺
盐、黑胡椒碎…各适量

• 咖喱锅是在阿富汗、巴基斯坦等地使用的铁锅。同炒锅相似，但不带把，并用更小尺寸的咖喱锅作为锅盖。

1 腿肉切成较大的一口大小，裹上食材A腌泡2小时左右。肋排连着骨头切成2~3cm宽度。

2 锅内倒入色拉油，烧热后放入肋排。翻炒后用小火加热，使肉的所有面上色。

3 小羊肋排热透之后，加入经过腌泡的小羊腿肉，整体均匀上色。

4 撒上盐，加入番茄翻炒。

5 番茄摆放在锅底，上方摆放小羊腿肉及小羊肋排，盖上锅盖之后小火焖烧约3分钟。

6 番茄变软之后，将番茄稍微捣碎之后混合，继续焖烧至番茄表皮完全碎开。

7 加入青椒和生姜末，翻炒混合。盖上锅盖转中火，焖烧散发水分。

8 酱汁勾芡之后打开锅盖，转大火充分混合使水分散发。撒上黑胡椒碎，连同锅一起上餐。

古法咖喱番茄炖羊肉

■ Erick South Masala Diner

印度北部克什米尔地区的传统菜肴。洋葱、蒜、番茄均不使用古法烹饪，口感清爽。调味的关键就在于使用当地特产的辣味微小且甜味及鲜味强烈的辣椒。

材料

[方便制作的分量]

带骨羊肉（冷冻）…500g
酥油…50g

A
- 绿小豆蔻（棒）…8个
- 黑小豆蔻（棒）…4个
- 丁香（棒）…8粒
- 黑胡椒粒…12粒
- 桂皮…长3cm，2根

B
- 水…100mL
- 辣椒粉（P177）…12g
- 茴香籽粉…8g
- 生姜粉…6g
- 孜然粉…6g
- 姜黄根粉…3g
- 阿魏*…2g
- 盐…8g

酸奶…100g
水…300mL
香菜（切碎）…适量

＊伞形科植物内部获取的树
液干燥制成的粉末。气味浓
烈，加热之后变为浓香。

做法

1 将带骨羊肉解冻，并用温水洗几次，冲掉血水、油脂及异味。

2 锅加热酥油，酥油开始溶化时加入调料A。出现香味之后小豆蔻胀大，出现气泡，如图（a）之后加入已充分混合的食材B。

3 表面浮出油，如图（b）之后，加入步骤1的食材，翻炒使香辛料渗入肉中。肉表面渗入油分之后，如图（c），加入酸奶和水使整体混合均匀，如图（d）。

4 煮开，盖上锅盖之后小火酱肉煮软。煮制过程中，适当补充水分。装盘，撒上香菜末。

（a）

（b）

（c）

（d）

INDIA

餐馆咖喱番茄炖羊肉

—

■ Erick South Masala Diner

将P172的菜肴进行现代风味升级，日本的印度餐厅通常采用这种烹饪方式。因为使用了酸奶，所以口感更加香滑。

[菜谱→P177]

绿咖喱羊肉

—

■ Erick South Masala Diner

南印度风格的咖喱羊肉，大多使用椰子牛奶增添奶香及浓醇口感。使用香草、薄荷、青椒等，增添色彩。「菜谱→P177」

SAKE & CRAFT BEER BAR

羊肉馅

—

■ 酒坊主

使用羊肉末，加入大量柠檬汁，口感清爽。少油多汁，适合下酒菜。配上一碗米饭，就是一道一人食简单美食。[菜谱→P178]

咖喱羊肉酱

■ Wakanui lamb chop bar juban

使用足量羊肉末，是一道品尝小羊肉美味的咖喱菜肴。利用生姜及花椒，形成独特的清爽口感。最后，用紫甘蓝增添色彩。[菜谱→P178]

P174

餐馆咖喱番茄炖羊肉

Erick South Masala Diner

材料

[**方便制作的分量**]

小羊肩肉（冷冻）…500g
色拉油…100mL
A
　　绿小豆蔻…8粒
　　黑小豆蔻…4个
　　丁香…12粒
　　黑胡椒粒…12粒
　　桂皮…长3cm，2段
　　月桂叶…4片
　　孜然…4g
　　茴香籽…4g
生姜和蒜泥（P169）…50g
红洋葱泥（P169）…200g
B
　　香菜籽粉…12g
　　孜然粉…3g
　　辣椒粉*…16g
　　姜黄根粉…3g
　　盐…12g
水…200mL
罐头番茄…300g
香菜（切碎）…10g
酸奶…100g
自制浓醇三味香辛料（省略说明）…3g

* 可以用4g卡宴辣椒粉和12g彩椒粉的混合物代替。

做法

1 将小羊肩肉解冻，并用温水洗几次，冲掉血水、油脂及异味。

2 锅加热色拉油，加入调料A炒制。炒香之后，加入生姜和蒜泥、红洋葱泥一起炒。整体炒软之后，加入B继续炒。

3 表面渗出油分之后加入步骤1的食材，翻炒使香辛料同肉均匀混合。

4 加入水和罐头番茄煮开，转小火煮2小时直至变软。

5 加入香菜碎，煮5分钟。加入酸奶和自制浓醇三味香辛料，煮开之后装盘。

P175

绿咖喱羊肉

Erick South Masala Diner

材料

[**方便制作的分量**]

小羊腿肉…500g
色拉油…30mL
A
　　绿小豆蔻…5个
　　丁香…5个
　　桂皮…2段（3cm长）
　　月桂叶…5片
生姜和蒜泥…30g
红洋葱泥…100g
B
　　香菜籽粉…5g
　　孜然粉…5g
　　姜黄根粉…2g
　　自制肉丁三味香辛料*…2g
　　盐…7g
　　水…200mL
绿混合香料粉
　　香菜…40g
　　干薄荷…2g
　　青椒（生）…4g
　　盐…3g
　　椰子粉…40g
　　水…160mL
　　酸奶…120g
番茄、薄荷叶、印度薄饼（省略说明）…各适量

* 可用成品三味香辛料代替。

做法

1 羊小腿肉解冻，并用温水洗几次，冲掉血水、油脂及异味。

2 锅加热色拉油，加入调料A炒制。炒香之后，加入生姜、蒜泥、红洋葱泥一起炒。

3 加入充分搅拌的调料B一起炒。炒软之后加入步骤1的食材，炒至肉和香辛料均匀混合。肉炒至变色之后加水，炖约1小时至肉变软。

4 将绿混合香料粉的配料放入搅拌机中，打成糊状。

5 将步骤4的食材加入步骤3的食材中，稍微煮至黏稠之后装盘。用番茄和薄荷叶装饰，配上印度薄饼。

羊肉馅

酒坊主

材料

[7人份]

香米…适量
洋葱（切粗粒）…1/2个
色拉油…4大勺
A ┌ 干红辣椒…1个
　├ 小豆蔻…5粒
　├ 蒜（捣碎）…1/2大勺
　└ 生姜（捣碎）…1大勺
罐头番茄…1罐
羊肉末…500g
B ┌ 香菜籽…1大勺
　├ 黑胡椒粒…1/2大勺
　├ 芥末籽…1小勺
　├ 孜然…1小勺
　├ 小豆蔻…6粒
　└ 卡宴辣椒粉…1/2小勺
西葫芦（切块）…2个
柠檬（挤汁）…1~2个
水…300mL
盐、浓口酱油…各适量

做法

1 在香米中加入少量水，将电饭锅设定为"米饭"模式进行蒸煮。

2 洋葱用色拉油炒至微黄色。加入调料A继续炒，整体炒软之后加入罐头番茄。继续炒，直至整体均匀混合。

3 在铁制平底锅中摊开羊肉末，烤至上色之后混合搅拌成合适粗细度。

4 锅中加入步骤2及步骤3的食材一起炒，加入调料B混合均匀。加入水煮沸，再加入西葫芦煮约5分钟。最后，用盐、少量浓口酱油、柠檬汁调味。

5 将步骤1及步骤4的食材分别装盘。

咖喱羊肉酱

Wakanui lamb chop bar juban

材料

[方便制作的分量]

小羊肩肉、背腰肉的碎肉*1…600g
罐头番茄…100g
红葡萄酒…60mL
A ┌ 蒜（切碎）…1瓣
　├ 生姜（切碎）…1片
　└ 干红辣椒（切碎）…1个
B ┌ 丁香…3个
　├ 绿小豆蔻…2个
　└ 洋葱（切末）…1个
C ┌ 孜然粉…1大勺
　└ 姜黄根粉…1大勺
色拉油、盐、胡椒、砂糖…各适量
花椒粉…1大勺
姜黄根米*2…适量
香芹（切碎）…适量
西式泡菜*3…适量

*1 除了小羊肩肉，还使用带骨背腰肉的碎肉（羊排分切之后剩余的碎肉）。

*2 将500g泰国米（茉莉香米）、550mL水、7g姜黄根粉、13g鲜味调料、30g橄榄油混合后放入电饭锅中煮制而成。

*3 锅中放入300mL白葡萄酒果醋、200mL水、100g砂糖、3种香辛料（香菜籽粒、黑胡椒粒、丁香棒各1小勺，用厨房纸包住，并用线绑住），煮至即将沸腾之前关火。加入按2mm宽度切丝的紫甘蓝，通过余热使其变软，大致散热之后放入其他容器中。最后，放入冰箱冷藏半天。

做法

1 将羊肉用搅拌机搅成肉末。

2 罐头番茄放入搅拌机打柔滑。红葡萄酒浇入锅中，加热使酒精挥发。

3 锅中放入足量色拉油，加入调料A充分炒出香味。加入用料理机打粉碎的调料B中的丁香和绿小豆蔻，炒至产生香味。

4 加入洋葱末，充分炒至柔软、水分挥发。加入肉末边捣碎边炒，加入步骤2的食材、调料C、盐、胡椒、砂糖，煮收汁并调味。

5 关火，撒上花椒粉。同姜黄根米一起装盘，撒上香芹碎并配上西式泡菜。

炒 第6章

爆炒羊肉

———

■ 中国菜 火之鸟

用铁板加热售卖的菜肴。用极大火炒，
并在1~2分钟能制作完成。这道菜也
称作焦爆羊肉，用柴火加热铁板炒制而
成。[菜谱→P182]

馕包肉

■ 南方 中华料理 南三

馕就是维吾尔族的主食。同馅料一起炒，并切成方便食用大小。也可加入其他炒菜或羊肉，让馕吸收更多丰富的味道。[菜谱→P182]

新土豆炒羊肉干

■ Matsushima

切薄的肉干蘸料汁，鲜味浓缩其中。炒香入味的肉干，最适合搭配软糯的土豆、清香的香菜。[菜谱→P183]

P180

爆炒羊肉

中国菜 火之鸟

材料

[2人份]

小羊腰肉（厚5mm）…150g

大葱…8cm

韭菜…40g

豆油…20mL

生姜（切丝）…1片

浓口酱油…15mL

绍兴酒…10mL

虾油*…10mL

盐…适量

* 将100g浓香虾酱、100g一级大豆油稍加炒制而成。不用刻意搅拌混合，否则油和虾酱会混在一起。直接放入锅中加热，使虾酱的香味渗入到油中。加热完成之后放入盆中，使用过滤后的油。

做法

1　小羊腰肉稍微撒点盐。大葱斜切成4cm长的段。韭菜切成5cm长的段。

2　炒锅将豆油加热之后开大火，放入步骤1的食材。

3　肉炒至上色之后，用锅铲上下翻动，依次加入姜丝、大葱、韭菜，肉变成焦糖色之后上下翻动，使大葱受热。

4　加入浓口酱油、绍兴酒、虾油，大火爆炒之后装盘。炒1分半左右，炒好立即装盘。

P181

馕包肉

南方 中华料理 南三

材料

馕

[11个用量]

高筋面粉…250g

低筋面粉…250g

即食酵母…5g

发酵粉…2g

水…200mL

鸡蛋…90g

牛奶…60mL

白糖…15g

盐…10g

白芝麻…适量

花生油…适量

完成

小羊肋排（切大块）…200g

	盐…1小勺
A	胡椒粉…1小勺
	孜然粉…1小勺

土豆（切菱形）…1个

青椒（切菱形）…1个

红椒（切菱形）…1个

	花生油…2大勺
	蒜（切碎）…1大勺
	洋葱（切碎）…适量
B	孜然…1大勺
	香辣酱*…1大勺
	番茄（切成1cm见方的块状）…1个

	啤酒…200mL
C	番茄酱…1大勺
	辣酱…1大勺
	老抽…1大勺

* 豆瓣酱中加入花椒、八角等香辛料，香辣口味的调味料。

做法

馕

1　将高筋面粉、低筋面粉、即食酵母、发酵粉混合过筛，加入剩余食材之后充分混合。盖上充分拧干的湿毛巾，常温条件下发酵30分钟。

2 分割成若干个单个重量为80g的面团，擀成边缘稍厚的圆形。表面刷上薄薄一层花生油，撒上白芝麻。

3 放入烤箱，以250℃烤5～10分钟。

完成

1 小羊肋排撒上调料A之后静置2小时，使其入味。

2 用刷上油（菜谱用量外）的炒锅，将步骤1的食材表面烤至上色。将土豆及2种彩椒分别过油。

3 依次将B的配料放入炒锅中，翻炒均匀。加入食材C，煮开。

4 将肋排加入步骤3的食材中，煮5～10分钟，最后加入步骤2的蔬菜，并用盐调味。

5 配上烤过的馕。

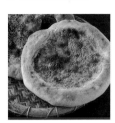

● 馕就是维吾尔族的主食。"气候干燥的新疆地区，会在多汁的炒菜中加入馅料，或者将炒菜浇在切成合适尺寸的馕上使其吸收汤汁。"

P181

新土豆炒羊肉干

Matsushima

材料

[2～3人份]

小羊肩肉…100g

A
├ 煎辣椒*1…5g
├ 蒜头（切碎）…5g
├ 香油…40g
├ 浓口酱油…100mL
├ 白糖…5g
├ 水…40mL
└ 孜然粉…少量

新土豆…1个

B
├ 香菜茎（切小段）…适量
├ 大葱（切成末）…适量
├ 生姜（切碎）…适量
└ 煎辣椒*1…适量

老酒…适量

C
├ 盐…适量
├ 孜然粉…适量
├ 炒白芝麻…适量
└ 黑胡椒粉…少量

零食辣椒*2…适量
花生油…适量

*1 干燥红辣椒干炒之后磨成粉。
*2 辣味少的大辣椒炸脆、烘干之后制成的零食。

做法

1 制作小羊肉干。
  ①小羊肩肉切成10mm厚的片，泡入调料A中放入冰箱冷藏2天。
  ②放在内含网格或筛网的托盘上，如图（a），在通风良好位置晾干2～4天。

2 用炭火慢烤小羊肉干，如图（b），烤好后稍微冷却。

3 将新土豆切成方便食用大小，用花生油以150℃炸制。

4 炒锅留适量底油，炒食材B。炒香之后，贴着锅边倒入老酒，并加入步骤2及步骤3的食材。加入调料C（盐、孜然粉+炒白芝麻的比例为1：5）调味。加入零食辣椒，稍微炒一下之后装盘。

（a）

（b）

葱爆羊肉

———

■ 羊香味坊

肩腰肉的肥肉少且柔软，配上大葱一起大火快炒。只需用盐简单调味，就能直接品尝羊肉和大葱本身的美味。[菜谱→P186]

CHINA

孜然羊肉

■ 羊香味坊

与葱爆羊肉相反，这道料理选用羊肉脂肪
和筋较多的部位。质地软嫩，鲜辣咸香。
[菜谱→P186]

CHINA

花椒羊肉

■ 羊香味坊

将炸羊肉和花椒一起吃。羊肉的鲜美和芹
菜的清爽相搭配，香辣又可口。[菜谱→
P187]

葱爆羊肉

羊香味坊

材料
[2人份]

小羊肩腰肉…200g
大葱段…10cm
A 盐、胡椒粉…各少量
  蛋清…1个
  淀粉…1小勺
生姜（切丝）…1/4片
B 盐…2小撮
  胡椒…少量
  绍兴酒…少量
色拉油…15mL

做法

1 小羊肩腰肉切成稍厚的肉片。大葱段斜切成2cm宽，均匀散开。

2 肉放入盆中，加入调料A，揉搓均匀。

3 炒锅开大火充分烧热，倒入约2杯油之后转动锅，使锅面均匀沾上油。

4 在步骤3的锅中倒入没过肉的油之后开中火，放入步骤2的肉并用大勺搅拌均匀，使肉均匀过油。炒至整体泛白之后捞起肉，油倒掉。

5 步骤4的锅开中火，倒入色拉油。放入大葱段，开始炒。整体过油之后放回步骤4的肉，稍微炒一下。用调料B调味，快速翻炒均匀之后装盘。

孜然羊肉

羊香味坊

材料
[1人份]

小羊肩腰肉…120g
洋葱…25g
淀粉…适量
A 盐…0.5g
  味精…0.5g
  熟辣椒*…1g
  白芝麻…1g
  孜然…2g
香菜（切碎）…10g
色拉油…适量

＊ 干炸的辣椒。

做法

1 肩腰肉切成稍厚的肉片。洋葱切成菱形。

2 肉放入盆中，裹上薄薄一层淀粉。

3 热锅，将肉过油（参照左侧"葱爆羊肉"）。

4 步骤4的锅开中火加热色拉油，放入大葱稍微炒一下。整体过油之后放回步骤3的肉，稍微炒一下。依次放入B，炒均匀。加入香菜快速炒均匀，装盘。

花椒羊肉

羊香味坊

材料

[2人份]

小羊肩腰肉⋯160g
腌泡汁
　洋葱（切碎）⋯10g
　鸡蛋（蛋液）⋯1个
　盐⋯少量
淀粉⋯适量
洋葱（1～2cm见方的块状）⋯30g
芹菜（1～2cm见方的块状）⋯25g

A
　┌ 盐⋯2g
　│ 味精⋯3g
　│ 花椒粉⋯1g
　└ 熟辣椒（同上一页）⋯2g

做法

1　肩腰肉切成2～3cm见方的块状。混合腌泡汁配料，将肉泡30分钟。取出后沥干水分，裹上薄薄一层淀粉。

2　热锅，肉过油（参照上一页"葱爆羊肉"）。

3　转中火加热步骤2的锅，放回步骤2的肉稍微炒一下。加入洋葱和芹菜，炒20秒左右。

4　加入调料A继续炒10秒左右，装盘。

煮 · 蒸

第 7 章

CHINA

扒羊肉条

————

■ 中国菜 火之鸟

有着100多年悠久历史的北京名店"东来顺"的招牌菜之一，肋排焖烧至柔软多汁。原本使用成年羊肉，膻味较重。

[菜谱→P192]

盐水煮羊肉

■ 西林郭勒

将用盐水煮过的带骨肉用小刀削着吃，是一道经典蒙古菜。牧草饲养的新西兰产羊肉没有膻味，口感接近蒙古羊。

[菜谱→P192]

手抓羊肉

———

■ 羊香味坊

将带骨煮的整个羊腿装盘，能给食客带来极大的满足感。肉煮至松软，配上甜香的芝麻料汁、香芝麻、辛辣鲜香蒜汁即可。[菜谱→P193]

扒羊肉条

中国菜 火之鸟

材料

[1人份]

小羊肋排*…4根
一级大豆油…适量
大葱段（长4cm）…3段
生姜（约5mm厚的片）…2片
八角…2个
老抽…20mL
绍兴酒…20mL
鸡架汤（省略说明）…200mL
水淀粉…适量

* 使用肋排前端附近的肉。

做法

1 从骨头上取出肋排肉，整块放入用大葱、生姜、花椒（菜谱用量外）煮沸的热水中一起煮开，并撇去浮沫。小火慢煮，使瘦肉部分收汁。

2 取出肉，盖上保鲜膜待其冷却。接着，将肉切成1cm左右宽的条。

3 炒锅加热一级大豆油，炒大葱段。炒出香味之后调小火，放入生姜及八角一起炒。加入浓口酱油稍微加热，再加入绍兴酒、鸡架汤煮开。接着，加入步骤2的食材。

4 煮开之后关火，从锅中取出放入盆中。盖上保鲜膜，蒸约20分钟。

5 除去香辛料，将肉装盘。汤汁倒入炒锅中，加入鸡架汤、老抽、绍兴酒（各适量）调味。用水淀粉勾芡之后，浇在肉上。

盐水煮羊肉

西林郭勒

材料

[40人份]

带骨羊肉*[1]（冷冻）…约10kg（1/3头的分量）
水…适量
盐*[2]…适量
特制料汁*[3]…适量

*1 购买1头4岁的冷冻羊肉（除去头、内脏，约35kg），店内肢解后使用。
*2 使用岩盐（粉末）。
*3 由1头蒜（切成末）、300mL浓口酱油、50mL谷物醋、适量辣油、少量香油、少量绍兴酒混合制成。

做法

1 将冷冻羊肉半解冻，将腿肉以外部分连着骨头切成每块200～300g。

2 将步骤1的带骨羊肉（约10kg）放入汤桶，加入刚没过食材的水。

3 加入盐（每5L水加入约2大勺盐），盖上锅盖之后大火加热。不用撇掉白沫，炖1.5～2小时。

4 上餐时用特制料汁重新加热，每盘装上400～500g带骨肉。部位随意，但尽可能满足食客要求。最后，配上岩盐（菜谱用量外）及特制料汁。

P191

手抓羊肉

羊香味坊

材料

[6~7人份]

A
┌ 小羊后小腿肉（带骨）…1个（约800g）
│ 生姜（整块）…30g
│ 香菜…10g
└ 盐…少量

蒜酱*、芝麻酱、捣碎芝麻…各适量

* 将3瓣蒜捣碎之后混合。

做法

1 将食材A放入大锅，倒入没过食材的水，煮开。

2 以小火炖40分钟。上餐时，重新加热。

3 从汤汁中取出步骤2的食材，趁热装盘并配上香菜。将蒜酱、芝麻酱、捣碎芝麻分别放入小盘，一起上餐。

• 从左到右依次为芝麻酱、蒜酱、捣碎芝麻，根据喜好选择。

羊腿汤配沙拉

■ Tiscali

将羊腿肉用盐水腌泡，放入加入稻草的大量热水中通过余热煮熟。稻草的清香让人品尝到熏制肉食的滋味。

材料

[店内采购量]

羊腿汤
　　小羊腿肉（整块）…1kg
　　盐水（浓度为8%）…适量
　　稻草…适量
苦味叶菜（菊苣、红菊苣、红叶生菜、
　　水菜等）…各适量
盐、橄榄油、佩哥里诺奶酪、黑胡椒碎…各适量

做法

1　制作羊腿汤
　　①小羊腿肉连同盐水一起放入密封袋中，放入冰箱腌泡1天。
　　②锅煮沸足量热水，加入稻草重新煮沸。从密封袋中取出步骤①的食材，立即关火，浸泡至冷却。

2　将小羊腿肉切片（每份沙拉使用80g）。

3　将各种苦味叶菜切成方便食用大小，混合均匀。用盐及橄榄油拌均匀之后装盘，步骤2的食材放在上方。削入佩哥里诺奶酪，撒上黑胡椒碎。

• 采用稻草和肉一起煮的意大利烹饪方法，增添香味。

通过日式烤羊肉
对比品尝各种
上等羊肉

羊SUNRISE麻布十番店

在羊SUNRISE（店名），可以品尝全世界优质羊肉。为了体验羊肉本身的口感差异，肉未经调味直接烹饪，再配上以盐或酱油为底料的料汁即可食用。锅的周围摆上大量切成大块的洋葱、藕，羊油渗入蔬菜中，不会油腻。而且，所有羊肉均由店主关泽波留人从全世界精挑细选。该店的常备羊肉有5~6种，采用与各部位及肉质对应的分切及烹饪方法。此处，对部分精选菜谱进行介绍。

北海道·足寄产的
腿肉和腰肉

将北海道著名羊场"石田羊场"饲养的小羊腿肉和腰肉仔细分切之后拼盘。该羊场主要饲养肉羊中肉质最佳的南丘羊，肉质柔软，瘦肉浓香，肥肉无膻味且鲜香可口。

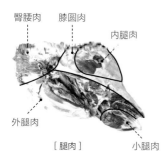

[腿肉]

臀腰肉　膝圆肉　内腿肉　外腿肉　小腿肉

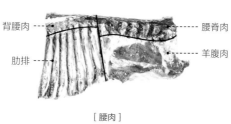

[腰肉]

背腰肉　肋排　腰脊肉　羊腹肉

岩手县·江刺产的
腿肉和肩腰肉

岩手县奥州市江刺区梁川地区农家集体饲养售卖的小羊。该地区老年人口较多，考虑到闲置农田的除草及再利用，于1996年开始养羊。目前，饲养的品种包括萨福克品种和考力代品种。小规模农家作为副业精心饲养少量羊，口感温和是其最大特点。

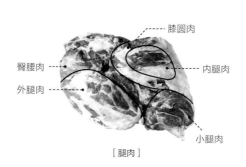

[腿肉]

膝圆肉　臀腰肉　外腿肉　内腿肉　小腿肉

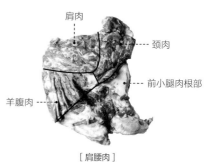

[肩腰肉]

肩肉　颈肉　前小腿肉根部　羊腹肉

澳大利亚产的
小羊腿肉

产自澳大利亚南部的小羊肉。相比普通
草饲羊，这种羊食用的饲料为营养价值
高的牧草（采用苜蓿、紫花苜蓿等豆科
牧草均匀搭配黑麦草等禾本科牧草）。
店主关泽通过亲自去澳大利亚考察，每
日三餐品尝不同羊肉，终于找到他觉得
最好吃的羊肉。澳大利亚产羊的特点就
是肉质肥厚、柔软，但膈膜等容易被误
食。所以，应仔细清除之后分切。

澳大利亚产的羊腰肉

澳大利亚产的成年羊也没有强烈膻味，
给人的印象就是肥嫩。而且，成年羊的
肉质同样柔软可口，且油脂较多。羊
胃也没有下垂，口感醇正。分切处理之
后，将背部肉带骨头整体保存。自家肢
解，足够新鲜，且价格便宜。

足寄产的腿肉切片

将羊腿肉分切为小腿肉、内腿肉、外腿肉、膝圆肉、臀腰肉。小腿肉油脂多但偏硬，可用于炖煮等，不适合烧烤等。内腿肉柔软，含油脂。外腿肉是结实的肌肉。膝圆肉柔软，且是瘦肉。臀腰肉鲜香，且油脂多。

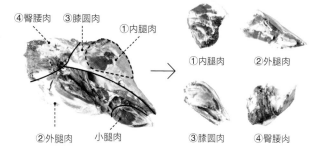

④臀腰肉 ③膝圆肉 ①内腿肉
②外腿肉 小腿肉

①内腿肉 ②外腿肉
③膝圆肉 ④臀腰肉

1 将内腿肉靠近内侧放好。切断连接内腿肉和臀腰肉的筋。

2 切下肥肉及筋，从腿肉中撕下内腿肉。

3 小腿肉靠近左侧放好。切开小腿肉膝关节根部的筋。卷起小腿肉，同时切下筋及膜，从腿肉中撕下小腿肉。

4 拎起膝圆肉边缘，切开膝圆肉和外腿肉相连部位（虚线部位）。

5 从腿肉根部开始切。

6 已切开。下侧为外腿，用手拎起的是臀腰肉连着膝圆肉的状态。

7 切开膝圆肉和臀腰肉。首先，抓住膝圆肉，切开臀腰肉之间的粗筋。切开筋及膜，撕下膝圆肉。

8 内腿肉切片。内腿肉包括膜及筋连着几块瘦肉，所以从膜切开肉之后取一整块。

9 同肉的纤维垂直，稍稍倾斜切片。切断纤维，方便食用。

足寄产的腰肉切片

羊肉仅采购躯干部分，将羊分切成大块之后保存。图片为将羊肋骨剔除，背腰肉、腰脊肉、肋排、五花肉相连的状态。将其大块分切为背腰肉、腰脊肉、肋排、腹肉，切片之后烹饪。带筋分切，保持形状整齐。

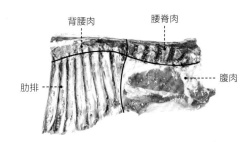

背腰肉　腰脊肉
肋排　腹肉

1 背肉靠近内侧放好。在腰脊肉下方附近呈直线切开。

2 分切腰脊肉和背腰肉。有肋骨剔除痕迹一侧为背腰肉，另一侧为腰脊肉。

3 背腰肉的肥肉面朝上放好。表面肥肉会残留皮或溢出血水，应用手边扯动边刮下。

4 切片成2～3mm厚度。

5 切掉背骨边缘留下的筋。

6 肥肉较多时，切掉多余肥肉。

7 划入3处切口，切下筋。如果未这样处理，烹饪过程中容易卷起，难以均匀受热。

炸 第 8 章

袈裟羊肉

——

■ 中国菜 火之鸟

将羊肉馅夹在两片薄蛋皮之间，切成菱形之后油炸。之所以切成菱形，是因为看起来像是僧侣的袈裟。根据个人喜好，可配上胡椒盐食用。

材料

[4人份]

小羊肩腰肉…100g
山药…30g
生姜…15g

A ┌ 盐…1撮
  │ 花椒水*1…1大勺
  └ 沉淀淀粉*2…1/2大勺

鸡蛋…2个
沉淀淀粉…适量
花椒盐*3…适量
盐、淀粉、一级大豆油…适量

*1 将10g花椒放入100mL水中，静置1天。液体过滤之后使用。
*2 淀粉加水之后静置约2小时，上清液倒掉之后食用沉淀物。
*3 将20g花椒（打成粉后）混入50g盐中。

1 小羊肩腰肉切粗末，用刀敲打至产生黏性。山药削皮，切成3mm块状。生姜切末之后混合一起。

2 将调料A加入步骤1的食材中，用手继续揉搓混合成一团。

3 打入2个鸡蛋，加入1撮盐、10g沉淀淀粉，搅拌均匀。

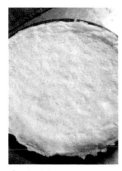

4 在直径26~27cm的平底锅中刷上薄薄一层油，分别倒入一半步骤3的食材，制作两片薄蛋皮。

5 打入鸡蛋（适量），混入等量的淀粉。均匀涂抹于一片薄蛋皮的一面。放上步骤2的食材，摊开。

6 另一片薄蛋皮的一面同样均匀涂抹与步骤5相同的蛋液，涂蛋液面朝下，对折后略按压。

7 盖上保鲜膜，放入冰箱静置1~2小时。接着，切成边长为3cm的菱形。

8 油加热至160~170℃，下锅炸1~2分钟，直至两面上色。

ITALIA

炸小羊排

■ Tiscali

小羊排除去肥肉及肉盖，裹上面衣下锅炸。如留有肥肉，面衣中会渗入膻味。所以，将肥肉清理干净是关键。裹上一层薄面包糠，口感绝佳。

材料

[1人份]

小羊背腰肉（带骨）…2根骨头
高筋面粉、蛋液、面包糠、煎炸油…各适量
菊苣…适量
香辛蛋黄酱*…适量
盐…适量

＊ 蛋黄酱中混入海苔、白芝麻、白胡麻、茴香籽
粉、孜然制成。

做法

1 分切背腰肉（参照P96～97），切断筋，如图（a）。

2 用刀背敲打步骤1肉的各面，如图（b），将肉的
   纤维拍碎拍软。接着，撒上盐。

3 依次裹上高筋面粉、蛋液、面包糠。面包糠的
   粗细可根据个人喜好。此外，也可在面包糠中
   混入香草、奶酪。

4 用指尖压住将肉撑开，扯断肉的纤维。接着，双
   手用力按压，重新修整成较厚形状，如图（c）。

5 煎炸油加热至180℃，炸步骤4的食材。等到面
   衣中冒出的气泡变得细小之后，先捞起。

6 沥干油，静置2分钟。在此过程中用手指试着按
   压，如仍有弹性，则口感甜且内部软嫩。

7 煎炸油加热至180℃，复炸。面衣炸脆且变成焦
   黄色之后捞起，沥干油，如图（d）。

8 连同菊苣一起装盘。根据个人喜好，可配上香
   辛蛋黄酱。

（a）

（b）

（c）

（d）

炸小羊背

———

■ BOLT

将整块羊排裹面衣炸至酥脆，内部加热至淡红色。配上辛辣的蛋黄酱及嫩姜的刺激气味，一口咬下去，神清气爽。

[菜谱→P208]

CHINA

它似蜜

— ■ 中国菜 火之鸟

又名"蜜汁羊肉"，是北京地区的传统清真菜。蘸上自制甜面酱的肉再裹面衣炸制，配上酸甜可口的酱油蘸汁。相传乾隆皇帝品尝过这道菜之后赐名"它似蜜"。[菜谱→P209]

MODERN CUISINE

羔羊肉炸丸子

— ■ Hiroya

将碎肉及内脏等搓成丸子。将羊肝切成粗粒，心脏切成粗粒，形成口感变化。最后，用花椒及生姜提鲜。[菜谱→P209]

P206

炸小羊背

BOLT

材料

炸小羊背

小羊背肉（带骨）…150g（2根骨）

盐…适量

A ┌ 大蒜粉…1小撮
  │ 四味香辛料…1小撮
  └ 黑胡椒碎…适量

小麦粉、蛋液、玉米片（粗粒）…各适量

煎炸油…适量

嫩姜、黄瓜、番茄的辣酱

嫩姜西式泡菜*1…1小勺

青椒（生）…1个

黄瓜…1/3个

圣女果…5个

B ┌ 鱼露…1/2小勺
  │ 特级初榨橄榄油…2小勺
  │ 柠檬汁…1/2小勺
  └ 辣椒酱（泰国）…1小勺

酱料*2

（以下数字为比例）

蛋黄酱…5

哈利沙拉酱*3…1

番茄酱…1~2

柠檬汁…少量

完成

结晶片盐…适量

*1 将400g嫩姜刨成粗丝，煮一下除去辛辣味。将西式泡菜液的配料（200mL米醋、200mL水、30g砂糖、15g盐、20粒黑胡椒、2片月桂叶、2瓣剥皮蒜瓣、1根荬叶五加）混合之后煮开，泡入擦干水的嫩姜。可搭配炒饭、面条一同食用。

*2 烤土豆、烤肉等蘸食的酱。

*3 含孜然等香辛料的北非红椒酱。

做法

炸小羊背

1 将小羊背肉留下适量肥肉，其余部分刮掉。

2 炸小羊背肉两面撒上盐。在带肥肉的面撒上调料A。

3 依次裹上小麦粉、蛋液、玉米片。

4 煎炸油加热至170℃，炸约2分钟左右使两面产生香味。沥干油，静置约2分钟。

嫩姜、黄瓜、番茄的辣酱

1 将嫩姜西式泡菜及青椒切碎。黄瓜对切成两半后去瓤，按7~8mm宽度切成段后用盐揉搓。圣女果纵向切成4等份。

2 混入步骤1的食材，用调料B拌开。

酱料

按所示比例，混合配料。

完成

炸小羊背对半切开之后装盘。切面撒上结晶片盐。配上嫩姜、黄瓜、番茄的辣椒，将酱料倒入盘中。

P207

它似蜜

中国菜 火之鸟

材料

[2人份]

小羊腰肉…80g
自制甜面酱…20g

A
```
    水…40mL
    老抽…20mL
    砂糖…15g
    生姜（切碎）…10g
    米醋…15mL
```
淀粉、一级大豆油、水淀粉…各适量
食用花卉（金盏花）…适量

做法

1 小羊腰肉切成约5mm厚的片。用自制甜面酱拌均匀，裹上淀粉。

2 油（菜谱用量外）加热至150℃炸，之后沥干油。

3 将调料A放入炒锅中煮沸，并用水淀粉勾芡。

4 将步骤2的食材加入步骤1的食材中，拌均匀。装盘，将食用花卉作为装饰。

P207

羔羊肉炸丸子

Hiroya

材料

[1人份]

羔羊碎肉（腹肉、肋排边缘的肉）…适量
羔羊的内脏（肝、心、肾）…适量

A
```
    花椒*1…适量
    生姜（切碎）…适量
    炒至呈焦糖色的洋葱…适量
```
低筋面粉、蛋液、面包糠…各适量

B
```
    辣椒（生·切碎）…适量
    焖烧过的西葫芦*2（切碎）…适量
    番茄（生·切碎）…适量
    盐、柠檬汁、特级初榨橄榄油…各适量
```

C
```
    萝卜芽…适量
    秋葵（生·切丝）…适量
    茗荷（切丝）…适量
    盐、特级初榨橄榄油、柠檬汁、
      黑七味…各适量
```
牛蒡和蒜片*3…适量
蒜泥*4…适量

*1 煮几次充分除去涩味，沥干水之后冷冻保存。
*2 锅加热色拉油，倒入蒜瓣、月桂叶炒出香味，加入整个西葫芦之后盖上锅盖焖烧。
*3 将牛蒡和蒜分别切成薄片，并油炸。
*4 蒜带皮烤过之后剥皮。捣碎之后加入盐、特级初榨橄榄油，打成泥状。

做法

1 将羔羊内脏切碎。

2 将羔羊碎肉和羔羊内脏碎搓成方便食用大小，依次裹上低筋面粉、蛋液、面包糠。

3 油（菜谱用量外）加热至170℃，将步骤2的食材下锅炸至内部充分熟透。

4 将食材B放入盆中拌均匀。

5 将食材C加入其他盆中拌均匀。

6 将步骤4的食材铺在盘子上，依次放上步骤3及步骤5的食材。上面放入牛蒡和蒜片。最后，在盘子内抹上蒜泥。

第 9 章　面食

CHINA

羊肉胡椒饼

■ 南方 中华料理 南三

台湾地区街头美食胡椒饼，在类似于馕坑的石窖中烤制而成。由福建传到台湾，现如今馅料多使用猪肉，但最早只用羊肉。而且，还会放入很多葱。[菜谱→P214]

ENGLAND

康沃尔
馅饼

■ The Royal Scotsman

矿业发达的英国康沃尔地区的特色美食，边缘部分通常不食用，工人们随时随地不洗手就能拿着吃。传统馅料是牛肉、芜菁，此处使用番茄炖羊肉。[菜谱→P215]

MONGOLIA

奶酪羊肉馅饼

■ 西林郭勒

小麦粉面皮包羊肉烤制而成的蒙古族美食。在羊肉蔬菜馅料中加入足量奶酪，香味、鲜味满满。[菜谱→P215]

羊肉馅饼

■ Bao Kervansaray

有着小麦浓香四溢，表面酥脆，馅料筋道的特殊口感。充分利用羊肉本身味道，香味渗入面皮中。[菜谱→P216]

小羊肩肉三明治

■ BOLT

将柔软多汁的烤羔羊肉切薄片，配上拉克莱特奶酪、酸黄瓜、刺山柑花蕾调味料一起制作成三明治。而且，适合搭配辛辣的蛋黄酱。[菜谱→P216]

羊肉胡椒饼

南方 中华料理 南三

材料

[约10个用量]

面坯

A ┌ 即食酵母…1大勺
 │ 白砂糖…30g
 └ 水…150mL
低筋面粉…200g
高筋面粉…100g
烘焙粉…1/2小勺
精制菜籽油*1…1小勺

肉馅

小羊肉末…150g
黑胡椒粉…4g
白胡椒粉…2g
孜然粉…2g
老抽…1小勺
鲜味调料…3g
白砂糖…3g
葱油*2…1小勺
小葱（切碎）…250g
炒白芝麻…适量

*1 菜籽油精制而成。

*2 炒锅中放入600mL精制菜籽油、200g葱叶（切大段）、50g生姜（切厚片），开大火。温度上升至180℃左右之后转小火，加热10分钟左右使葱变成焦糖色。

做法

1 制作面坯
　①将食材A混合，静置约10分钟。
　②低筋面粉和高筋面粉过筛。加入步骤①的食材和烘焙粉，充分搅拌混合。
　③面坯混合均匀之后加入精制菜籽油重新揉搓混合，揉搓均匀之后盖上保鲜膜，常温条件下静置30~60分钟使其发酵。

2 制作肉馅
　①混合所有配料，充分揉搓至出现黏性。
　②放入冰箱，静置30~60分钟。

3 用面坯包馅料
　①面团分成若干个单个重量为40g的小面团，用擀面棒擀成直径为9cm的小面皮，且中央部位稍厚。
　②将15g肉馅放在步骤①的面皮中央，撒上25g小葱末后封口。
　③隔开一定间隔摆放在台面上，盖上用力拧干的湿纱布。常温条件下静置约30分钟，使其二次发酵。
　④表面用水弄湿之后撒上炒白芝麻，放入烤箱以220℃烤15分钟左右。

P212

康沃尔馅饼

The Royal Scotsman

材料

[2人份]

馅饼面坯

　高筋面粉…200g

　盐…1撮

　猪油…100g

　水　40mL（放在冰水上冷却）

馅料

　橄榄油…适量

　洋葱（切粗末）…1/2个

　土豆（切成1cm见方的块状）…150g

　芜菁（切成1cm见方的块状）…100g

　小羊腿肉（切成1cm见方的块状）…100g

　罐头番茄…250g

　盐、黑胡椒碎…各适量

蛋液…1个

做法

1　制作馅饼面坯

　①高筋面粉和盐放入盆中。将猪油捣碎后放入盆中将面团揉搓至光滑。

　②慢慢加入水混合均匀，煮开之后用保鲜膜包住，放入冰箱，醒30分钟以上。

2　制作馅料

　①锅烧热后倒入橄榄油，将洋葱末炒至透明。

　②放入土豆丁、芜菁丁、小羊腿肉丁稍微炒一下，再加入罐头番茄。

　③煮至基本没有汤汁，再用盐、黑胡椒碎调味。关火之后大致散热，放入冰箱使其完全冷却。

3　将步骤1的食材对切成两半，分别搓圆之后用擀面杖擀成直径20cm左右的面片。盖上直径约15cm的盘子，用小刀沿着盘边将食材切成整齐的圆形。

4　用面皮包住馅料。

　①将步骤2的食材放在步骤3的食材中央，用刷子将蛋液涂在边缘。面坯对半折，用手指按压边缘使其紧密贴合。

　②边缘涂上蛋液，折出褶子。手指按压褶子，使其紧密贴合。

　③用刷子将蛋液涂在表面，用竹扦扎一个孔，且避免弄碎面坯。

5　放入烤箱，以190℃烤约1小时。适当冷却之后即可上餐。

P212

奶酪羊肉馅饼

西林郭勒

材料

[1人份]

面坯（做法同P222"羊肉包"）…120g

羊肉馅（做法同P222"羊肉包"）…60g

手撕奶酪…适量

色拉油…适量

做法

1　用面坯包住羊肉馅。

　①面坯擀成厚度1cm、直径10cm的面片。

　②羊肉馅放在中央，再放上手撕奶酪。

　③同羊肉包（做法同P222）一样制作褶子，并包住馅料。

　④将面粉撒在台面及面坯上，用擀面杖将步骤③面坯擀成厚5mm、直径为15cm的面片。

2　中火加热平底锅，冒烟之后浇上1大勺色拉油。放入步骤1的食材，每隔30秒翻面一次，煎至两面黄色。根据需要，中途可添加色拉油。

P213

羊肉馅饼

Bao Kervansaray

材料

馅饼面坯（25个份）
　高筋面粉…1.4kg
　全麦粉…600g
　即食酵母…10g
　盐…50g
　水…1.5L
羊肉馅…适量
　橄榄油…40mL
　┌ 洋葱（切碎）…大1个
A │ 生姜（切碎）…30g
　└ 蒜（切碎）…10g
　羊肉末（成年羊和小羊混合肉末）…1kg
　┌ 香菜籽粉…1小勺
B │ 孜然粉…1小勺
　└ 黑胡椒…1小勺+1/2小勺
　┌ 番茄（切粗末）…大1/2个
C │ 酸奶…2大勺
　└ 柠檬汁…1/2小勺
盐…适量
酱料*…适量

* 番茄酱（P220）中加入酸奶、柠檬汁、黑芝麻。

做法

1 馅饼面坯。
　①混合所有配料，揉搓混合均匀。
　②搓成一团之后用保鲜膜包住，常温条件下一
　　次发酵40分钟。
　③分成若干个单个重量为140g的小面团，常温
　　条件下二次发酵10分钟。

2 制作羊肉馅。
　①锅烧热后倒入橄榄油，放入食材A，炒至产生
　　香味。
　②加入羊肉末一起炒，再加入调料B继续炒。
　③炒出香味之后加入C，捣碎番茄末至水分挥
　　发。接着，用盐调味。

3 馅饼面坯包住羊肉馅。
　①用擀面杖将面坯擀成直径30cm左右的面片。
　　内侧一半放上羊肉馅，对半折叠之后用手指
　　按紧边缘。

4 放入烤箱，以420℃烤2分钟。装盘，配上酱料。

P213

小羊肩肉三明治

BOLT

材料

[1人份]

烤羔羊肩肉（P75）…100g
法式长棍面包…1/2根
特级初榨橄榄油…适量
拉克莱特奶酪（切片）…30g
酸黄瓜（切薄片）…2根
醋泡刺山柑花蕾调味料（大粒）…2～3个
香辛蛋黄酱（P205）…适量

做法

1 将烤肩肉切成薄片。

2 法式长棍面包从侧面加入切口，切面撒上特级
　初榨橄榄油。

3 步骤2的食材中依次放入拉克莱特奶酪、步骤1
　的食材、酸黄瓜、醋泡刺山柑花蕾调料。最后，
　在上方浇入香辛蛋黄酱。

牧羊人派

——

■ Wakanui lamb chop bar juban

用羊肉和土豆制作的英国传统菜肴。在土豆泥中加入牛奶，柔滑且充满奶香。放上奶酪一起烤，富含营养。[菜谱→P219]

ITALIA

意式羊肉馅饼

■ Tiscali

意大利的乡土菜肴，用面坯包住煮过的蔬菜或肉烤制而成，原本是放羊人的午餐。此处将背肉的肉盖烘烤除去油脂，卷起煮后同蘑菇一起塞入面坯中。[菜谱→P220]

AFGHANISTAN

阿富汗饺子

■ Bao Kervansaray

用筋道的自制面皮包裹羊肉馅的蒸饺。将馅料适度搓揉，入口即化。洋葱可中和羊肉的膻味，再用盐、孜然简单调味即可。[菜谱→P220]

ITALIA

意大利饺子

■ Tiscali

一种意大利面食，可用各种馅料，此处使用土豆泥及羊肉。简单且可口。[菜谱→P221]

P217

牧羊人派

Wakanui lamb chop bar juban

材料

[方便制作的分量]

小羊肩肉…1kg

A
- 洋葱（切碎）…1个
- 胡萝卜（切碎）…1根
- 芹菜（切碎）…2棵
- 口蘑（切碎）…1包
- 蒜（切碎）…3瓣

红酒…100mL

罐头番茄…200g

B
- 番茄酱…80g
- 辣酱…80g
- 豆蔻粉…15g

盐、胡椒粉…各适量

土豆泥*…适量

手撕奶酪…适量

香芹（切碎）…适量

色拉油…适量

* 将500g土豆削皮之后切成3cm见方的块状，并用蒸锅蒸软。蒸好之后放入炒锅中，趁热用大勺等捣碎。开小火，慢慢加入牛奶（避免烤焦）的同时加热至柔滑。最后，用1/2小勺豆蔻粉、适量盐、适量胡椒调味。

做法

1 小羊肩肉用搅拌机打成粗末。平底锅中加入色拉油，充分炒熟肉末。取出肉末，控干多余油脂。

2 其他平底锅中加入色拉油，小火将食材A炒至没有水分。加入红酒、罐头番茄，煮收汁至酒精及酸味散失。

3 将步骤1的食材和调料B加入步骤2的食材中继续煮收汁，并用盐、胡椒粉调味。

4 将步骤3的食材塞入耐热容器中达到一半高度，再放入等量的土豆泥。接着，整面撒上手撕奶酪。

5 放入烤箱，以210℃烤4~5分钟使表面焦黄。撒上香芹碎，趁热上餐。

P217

意式羊肉馅饼

Tiscali

材料

[1个用量]

面坯…按以下配料制作后取80g
　　意大利00粉（比萨高筋粉）…400g
　　粗粒小麦粉…100g
　　水…190g
　　猪油…80g
小羊背肉的肉盖*…100g
杏鲍菇（竖直对半或四等分切开）…50g
百里香…1个
羊肉汤（省略说明）…适量
橄榄油、盐…各适量
菊苣等叶菜…适量

＊"煎炸用背肉的分切"（P96～97）的背肉中切下的肉盖。

做法

1 制作面坯。
　①混合配料，用叉子搅拌混合。
　②混合一团之后稍微揉搓，用保鲜膜包住。3～10℃条件下，醒发30分钟左右。

2 肉以均匀厚度卷成卷状，并用线绑住。撒上盐，并用加热的平底锅烤成焦黄色，并逼出油脂。

3 在步骤2食材上撒盐，连同杏鲍菇、百里香、橄榄油一起放入锅中。倒入没过食材的羊肉汤，将肉煮熟。冷却之后，将肉和杏鲍菇分别切成1.5cm见方的块状。

4 面坯包住步骤3的食材
　①用擀面杖将面坯大致擀开，用压面机压成厚1～2mm面片。接着，切成宽15cm、长30cm的小面片。
　②将步骤①的面片铺在直径8cm、高7cm的容器内，将食材边缘多出部分翻折覆盖在上方。
　③用手指压紧面坯之间，边缘留下1.5～2cm，切掉多余面坯。
　④朝向内侧折叠出细褶。

5 在馅饼盘上刷一层薄薄的橄榄油，放上步骤4的食材。放入烤箱，以200℃烤约14分钟。烤至表面发亮即可。在盘子中铺上菊苣等叶菜即可。

P218

阿富汗饺子

Bao Kervansaray

材料

[约250个]

面皮
　高筋面粉…1250g
　干酵母…6.2g
　盐…37.5g
　水…812mL
馅料
　小羊肉馅…1.5kg
　洋葱（切碎）…750g
　蒜（切碎）…30g
　盐…25g
　孜然粉…2g
番茄酱*…适量
酸奶…适量

＊ 锅中放入橄榄油及切碎的洋葱一起炒，再将罐头番茄放入并捣碎，煮至黏稠。

做法

1 制作面皮。将所有配料混合之后充分揉搓，再放入冰箱冷藏12小时。

2 制作馅料。将所有配料放入盆中，适度揉搓混合即可。

3 面皮包住馅料
　①面皮擀成1mm厚度，并切成边长为5cm的正方形。
　②中央放上馅料，四边角朝向中心，将面皮对合包住。
　③相邻两端2个一组对齐捏住。

4 放入蒸锅，蒸10分钟。

5 装盘，浇上番茄酱及酸奶。

P218

意大利饺子

Tiscali

材料

[1人份]

面皮（店内采购量）…按以下配料制作后取80g
   粗粒小麦粉…500g
   温水…225～250mL
土豆泥*1…80g
佩哥里诺奶酪…20g
番茄羊肉酱*2…20g
番茄酱*3…90g
特级初榨咖喱叶（意大利产）
佩哥里诺奶酪…适量

*1 土豆带皮煮，趁热剥皮之后捣碎。

*2 用平底锅炒小羊肉，放在筛网上沥干油脂。用平底锅制作混炒蔬菜，并加入羊肉末。加入鸡骨汤、红酒、过滤的罐头番茄、水、月桂叶，炖至汤汁收干。

*3 将罐头番茄煮收汁至1/3量，并用盐调味。放入搅拌机，打成糊。

做法

1 混合面皮配料，充分搅拌。

2 将馅料塞入面皮。
  ①将面皮摊薄，用直径6～7cm的菊花形状模具刻出造型。
  ②将土豆泥混入佩哥里诺奶酪中。
  ③将番茄羊肉酱、步骤②的食材依次放入面皮中央，如图（a），对半折入之后用手指捏住边缘固定好。
  ④依次捏住左右端部固定好，如图（b），面皮塞入至另一侧端部。步骤②的馅料稍微多放点，包紧，避免空气进入，最后固定面皮时稍微溢出一点馅料的程度最佳，如图（c），使内部充满馅料。

3 放入煮沸的热盐水中，煮至食材浮起。

4 番茄酱倒在盘子上，放上已控干水气的步骤3的食材。撒上特级初榨橄榄油及佩哥里诺奶酪。

（a）

（b）

（c）

羊肉包

■ 西林郭勒

用小麦粉作面皮的蒙古传统羊肉馅包子，调成更适合当地人的口味即可。馅料中加入大葱、生姜、白菜等，腿肉中加入五花肉，肉汁更鲜香。

材料

[方便制作的分量]

面皮
　中筋面粉…500g
　温水（约30℃）…约250mL

馅料
　小羊腿肉（半解冻）*1…500g
　小羊腹肉（半解冻）…适量
　大葱*2…1.5根
　生姜*2…50g
　白菜*3…1.6棵
　盐…1大勺
　浓口酱油…1大勺
　香油…1大勺

*1 切薄片后，用食品处理机打成3～4mm见方的丁。如油脂较少，可适量增加腹肉的用量。
*2 大葱和生姜用食品处理机打成碎末。
*3 用食品处理机打成3～4mm见方的丁，并攥干水分。

1　制作面皮。在中筋面粉内加入2/3量的温水，并用手揉搓。慢慢加入剩余的水，将面团揉至适当硬度。

2　盖上保鲜膜，室温条件下醒20分钟以上，再放入冰箱冷藏一晚。室温条件下静置30分钟之后使用，可完整拉伸不会撕裂。

3　将馅料的配料放入盆中混合，用擀面杖朝着固定方向搅拌至出现黏性。

4　图片为搅拌好的肉馅。

5　取适量步骤2的面坯，在撒过面粉（菜谱用量外）的台面上，搓成直径约2cm的棒状。接着，将其按3cm长度分切。

6　将步骤5的面团的切面朝着上下方向放好，并用手掌按压将其压平。撒上扑粉，边转动面皮边用擀面杖擀成直径为9cm的圆形。

7　将约40g馅料放入面皮中。惯用手的大拇指及食指掐住面皮边缘。（图中左手为惯用手）

8　用另一只手的大拇指按压馅料，边转动面皮边掐出褶子。最后1/4开口位置松开大拇指，继续掐褶子。

9　最后中心不闭合，保留一点空隙。放入已烧开的蒸锅中，大火蒸13分钟。

羊香水饺

■ 羊香味坊

自制饺皮的羊肉馅饺子，煮好之后趁热享用。饺皮软糯爽滑，咬下一口满嘴汤汁，还有扑鼻的羊肉香味。[菜谱→P225]

MONGOLIA

蒙古族卷饼

■ 西林郭勒

从北京烤鸭中获得灵感的创意菜肴。将炒好的腿肉、煎蛋、粉丝、蔬菜放在大盘上，让人赏心悦目。甜面酱选用咸味不太重的类型。[菜谱→P225]

羊香水饺

羊香味坊

材料

[100个用量]

面皮

    低筋面粉…500g
    高筋面粉…500g
    热水…500mL

馅料

    小羊肩肉（整块）…500g
    盐…5g
    香菜（切碎）…100g
    大葱（切碎）…1根
A
    ┌ 砂糖…5g
    │ 香油…50g
    │ 浓口酱油…20mL
    │ 鸡精…5g
    │ 胡椒…少量
    │ 花椒水*¹…少量
    │ 浓缩鸡汤*²…少量
    └ 精制菜籽油*³…50g

黑醋…适量

*1 用170mL水浸泡4g花椒，静置1小时以上并过滤后使用。
*2 将鸡架汤煮收汁至1/3～1/2，并放入冰箱冷藏凝固。
*3 菜籽油精制而成。

做法

1 制作面皮。
　①将配料搅拌均匀并揉成面团。
　②30℃条件下醒3～4小时。

2 制作馅料。
　①将小羊肩肉用刀背拍打，再绞成粗末。
　②将步骤①的肉末和盐放入盆中揉搓。加入香菜末及大葱，混合均匀。
　③加入A，用手混合均匀。

3 面皮包馅料。
　①面团和台面撒上适量扑粉（菜谱用量外）。面团搓成条状，按8g分切。切面朝着上下方向放在台面上，从上方压扁，并用擀面杖擀成直径为6cm的圆形面片。
　②中央放上馅料，对半折叠面皮，用手指压紧边缘。

4 用沸腾的热水煮5分钟。装盘，配上黑醋。

蒙古族卷饼

西林郭勒

● 面皮涂过甜面酱之后放上馅料，用面皮包着馅料吃。

材料

[2～4人份]

粉丝（干燥）…5g
鸡蛋…1个
大葱（切碎）…1小勺
羊腿肉（切细丝）…100g
大葱（斜切）…约5cm+约3cm
浓口酱油…2小勺
面皮（同P223"羊肉包"）…80g
大葱（取葱白）…约5cm
黄瓜（切丝）…1/3根
甜面酱…适量
盐、色拉油…各适量

做法

1 粉丝用热水泡发，水洗之后对半切开。

2 鸡蛋搅拌均匀，加入切成粗末的大葱和少量盐，混合均匀。平底锅加热1大勺色拉油，倒入蛋液，用大勺搅拌并以小火炒松软。

3 平底锅加热1大勺色拉油，放入肉和斜切的大葱（约5cm），再加入1小勺盐。中火炒至看不到肉红色之后取出。

4 步骤3的平底锅中放入1大勺色拉油，炒粉丝和斜切的大葱（约3cm）。加入浓口酱油和少量水（菜谱用量外），炒至入味。

5 制作面皮。
　①面坯搓成直径2cm的条状，并4等分。切面朝着上下方向放在打过扑粉（菜谱用量外）的台面上，并用手掌压平。
　②在一片面坯的单面撒上小麦粉（菜谱用量外）。另一片面坯的一面撒上色拉油。对合撒上小麦粉和色拉油的面，压紧。
　③撒上扑粉，擀成直径约20cm的面皮。剩余面坯同样处理。

6 烤面皮。小火加热不粘锅，放入1片步骤5的面皮。中心加热隆起之后翻面。两面烤至焦黄之后取出，撕成2片。另一片用同样的方法烤制。

7 将白发葱，黄瓜，步骤2、3、4的食材分别放入小盘中，再一起放入大盘中，饼烙好之后放入大盘中央，配上甜面酱。

米饭和面条

第 10 章

CHINA

新疆维吾尔自治区
羊肉饭

———

■ Matsushima

这是一道用羊肉和胡萝卜蒸煮制成的米饭。葡萄干的甜味、孜然的香味，让人感受到西域风味。最后，搭配酸奶一起吃。[菜谱→P228]

材料

[10人份]

小羊蹄筋肉…250g
花生油…适量
生姜（切片）…5片
大葱（取叶）…2根

A
水…2L
老酒…100mL
孜然粉…1小勺
盐…适量

洋葱…1个

孜然粉…4g
胡萝卜…1根
丛生口蘑（切粗粒）…1/2袋
葡萄干…70g
老抽…8mL
辣酱…15g
老酒…15mL
盐…3g
米…2杯

芦笋…40g
荷叶（干燥）…1/4片
老酸奶…适量
孜然粉…适量
炒辣椒*…适量

＊ 干红辣椒炒制之后用搅拌机打成粉。

1 小羊蹄筋肉用沸腾的热水煮至浮沫完全漂出之后，用漏勺捞起。水洗冲掉表面附着的白沫。接着，切成1~2cm见方的块状。

2 炒锅加热花生油，炒生姜片及大葱叶。炒出香味之后，加入食材A及步骤1的食材。接着，炖约1小时。

3 洋葱切成1cm见方的丁状。用其他炒锅加热花生油，放入洋葱丁以小火炒至洋葱边缘变成褐色。

4 加入孜然粉，一起炒出香味。孜然容易烤焦，应快速颠锅翻炒。

5 胡萝卜按5mm厚度切片，并按5mm宽度切丝。加入步骤4的锅中，炒均匀。

6 胡萝卜均匀过油之后，加入步骤2的羊蹄筋肉和500mL汤汁，煮开。

7 接着，加入丛生口蘑和葡萄干。用大勺整体大致搅拌均匀，并煮开。

8 加入老抽、辣酱、老酒。接着，用盐调味。

9 米淘好之后放入电饭锅中。按煮米饭时相同水量，倒入步骤8的汤汁。

10 将步骤8的馅料全部放在步骤9的米饭上，按正常煮米饭的方式煮。

11 将芦笋根部的硬皮剥掉，按1cm宽度切整齐。接着，用加过盐并煮沸的热水稍微焯一下。

12 步骤10的米饭煮好之后，放上步骤11的芦笋，用饭勺从锅底开始翻动，搅拌均匀。

13 对应蒸笼（直径约15cm）大小，用剪刀将荷叶修剪整齐。

14 将步骤13的荷叶铺在蒸笼内，盛入步骤12的食材。

15 连同蒸笼一起放在底部盘子上。另一个盘子放入老酸奶、孜然粉、炒辣椒，一同上餐。

• 将老酸奶、孜然粉、炒辣椒按自己喜欢的分量加入小盘中，整体搅拌均匀。此外，多放点酸奶会更好吃。

ITALIA

小羊肉拌宽面

———

■ Osteria Dello Scudo

意大利羊肉拌料搭配传统的宽面,浇上美味酱料。此处不适合用西红柿,这样其他食材的口味才能被凸显。

材料

[6~8人份]

宽面*1
　鸡蛋…230~250g
　粗粒小麦粉…500g
　盐…10g
拌料
　小羊肉*2…500g
　盐…适量
　迷迭香、鼠尾草、月桂叶…各适量
　┌ 蒜…1瓣
　│ 混炒蔬菜*3…适量
　│ 白葡萄酒…120ml
A │ 小羊骨汤（P44）…500g
　│ 水…适量
　│ 迷迭香、百里香、鼠尾草、月桂的香料束…1个
　└ 柠檬…1/6个

迷迭香（切碎）、橄榄油、佩哥里诺奶酪…各适量

*1 传统的意大利面条。
*2 使用小腿肉、肩肉、腹肉、颈肉等富含胶原蛋白的部位。
*3 锅中放入橄榄油、1根干辣椒、1瓣蒜加热，炒香之后加入1个洋葱（切成1cm块状）、1/3根胡萝卜、1/2根芹菜，盖上锅盖焖烧。变软之后取下锅盖，使水分散失。

做法

1 制作宽面
　①鸡蛋充分搅拌均匀，从中取230g蛋液使盐溶化。将其加入粗粒小麦粉中，并用饭勺等快速搅拌使蛋液均匀裹上。
　②用手将步骤①的食材混合均匀成絮状。如水分不足，可慢慢添加剩余的蛋液，使整体保持湿润。
　③手掌搓揉步骤②的食材，用力将其搓成一团。为避免干燥，放入塑料袋中常温条件下静置，并多次揉搓。
　④放入冰箱，醒一晚。第二天使其恢复常温，并用压面机或擀面杖擀成约3mm厚度。
　⑤切成宽面形状，散开之后撒上粗粒小麦粉。

2 制作拌料
　①小羊肉切成粗末，加入盐、迷迭香、鼠尾草、月桂叶、蒜。放入冰箱冷藏一晚，如图（a）。
　②除去步骤①中的香草及蒜，放入刷过橄榄油的平底锅内烤上色，如图（b）。注意不要烤太久，保持清淡口感。
　③将步骤②的食材放入锅中，加入食材A，如图（c）。中火煮至浓稠，中途根据需要补充水分。最后，用盐调味。

3 完成
　①取一些拌料放入平底锅，加入少量水之后加热。在此过程中，用足量热盐水将宽面煮约12分钟。
　②煮好的宽面加入拌料的平底锅中，拌均匀。加入迷迭香、佩哥里诺奶酪，继续搅拌均匀。
　③装盘，撒上佩哥里诺奶酪。

（a）

（b）

（c）

拌面

■ Bao Kervansaray

原本是将面放入羊肉及番茄制作的温热汤汁中的中亚面食，此处类似于炒面。撒上芝麻，还有担担面的风味。[菜谱→ P234]

CHINA

鱼羊面

■ 羊香味坊

带骨羊肉汤汁和鲷鱼头汤汁混合作为面汤，不同鲜味的汤汁呈现相辅相成的效果。最后，配上腌渍、发酵的白菜（酸菜）。[菜谱→P234]

GENGHIS KHAN

羊骨面

■ TEPPAN羊SUNRISE神乐坂店

羊骨大火熬制而成的奶白醇汤。选用带较多肥肉的骨头，汤味香甜、浓醇。最后加上干贝、海带等，更加鲜美。[菜谱→P235]

P232

拌面
Bao Kervansaray

材料
[1人份]

橄榄油…30mL
羊肉末…90g

A
┌ 蒜（切碎）…1/2瓣
│ 番茄（随意切大块）…1/2个
└ 青椒（竖直对半切开）…3个

B
┌ 捣碎芝麻…1大勺+1/2大勺
└ 豆瓣酱、辣酱、浓口酱油…各少量

白葡萄酒…30mL
酸奶…1大勺
自制面条*…150g
香菜…适量

* 将粗粒小麦粉和水按3：1比例混合之后搓成团，放入冰箱冷藏。放入真空压面机中，压成3mm宽的面条。

做法

1 锅中加热橄榄油（菜谱用量外），肉末充分炒熟。

2 加入食材A继续炒，加入B调味。

3 加入白葡萄酒，煮收汁至酒精散发。最后，加入酸奶混合一起。

4 面条用热盐水（盐浓度1%左右）煮约4分钟，控干水分之后加入步骤3的锅中拌均匀。盛入锅中，用香菜装饰。

P233

鱼羊面
羊香味坊

材料
[1人份]

生面…150g

A
┌ 鲷鱼头汤（省略说明）…100g
│ 鸡油和牛油（液态）…合计10g
└ 盐汤*1…30g

"手扒羊肉"的汤汁（P91）…360g

B
┌ 煮过的羊小腿肉
│ （P16"口水羊"·切片）…90g
│ 调味鸡蛋*2…1/2个
│ 酸菜*3…30g
└ 煮过的青菜…30g

*1 盐同两倍的水混合之后煮沸，并加上白芝麻。
*2 将等量的水和浓口酱油混合之后煮沸，并放入八角、葱叶、生姜、砂糖、乌龙茶叶，再将煮半熟的鸡蛋放入浸泡1天。
*3 白菜抹上盐之后经过乳酸发酵制成的酸味腌菜。

做法

1 用足量的热水煮面。

2 将食材A放入面碗中，倒入热羊汤。放入控干热水的步骤1的食材，放上B。

P233

羊骨面

TEPPAN羊SUNRISE神乐坂店

材料

[1人份]

汤…按以下配料制作后取200mL

　　小羊骨…1.5kg

　　┌水…4L

　A│大葱（取葱叶）…5根

　　└生姜（块）…30g

生面…55g

料汁*1…20mL

叉烧羊肉*2、煮蛋*3、海苔、白发葱*4…各适量

*1 将浓口酱油2、甜口酱油1、日本酒1、味醂1、海带、干贝、孜然粉、水混合之后开火，即将煮沸之前捞起海带。接着，继续煮收汁至一半量（数字为比例）。

*2 用水稀释料汁，煮羊肩肉。冷却之后，将羊肉切片。

*3 将煮至半熟的鸡蛋，在料汁中浸泡约30分钟。

*4 将葱白切成细丝。

做法

1 取汤汁。

　①大锅煮沸热水，放入骨头，如图（a）。再次煮沸之后，将骨头捞起放入筛网。用刷子将表面的血水及污垢刮擦干净，并用流水冲洗，如图（b）。

　②将步骤①的食材及A放入汤桶，开大火。调低火，舀掉白沫，如图（c）。

　③舀掉浮沫之后转大火，以冒出小气泡的火力继续煮。

　④煮收汁至一半量之后，过滤，如图（d）。

2 煮面，沥干热水。料汁放入面碗中，调汤汁。接着，放入面。

3 放上叉烧羊肉、煮蛋、海苔、白发葱。

（a）　（b）　（c）　（d）

胡椒芝士羊肉面

■ Tiscali

用奶酪和黑胡椒碎简单调味的面条中加入羊肉。使用北海道·白糠町的酒井伸吾精心饲养的羊肉身上的油脂，清香无膻味。[菜谱→P238]

小羊肉洋蓟面

■ Tiscali

意大利面食，撒上干燥烤制的粗粒小麦粉。直接加入酱汁中煮熟，大量吸收羊油鲜味，味美浓香。[菜谱→P238]

小羊肉香菜炒饭

———

■ 羊香味坊

羊肉和香菜及孜然的绝佳搭配，使羊肉的
味道更佳香浓。既可作为主食，也可作为
下酒菜。[菜谱→P239]

GENGHIS KHAN

羊肉饭

———

■ TEPPAN羊SUNRISE麻布十番店

自制小羊肉酱放在热米饭上，撒上酱油腌
渍的蒜末及白芝麻。各种香味蔬菜、羊
肉的香味、辛辣味等，真下饭。[菜谱→
P239]

P236

胡椒芝士羊肉面

Tiscali

材料
[1人份]

意大利面…80g
羊油*…1大勺
黑胡椒…适量
佩哥里诺奶酪…10g

＊ 用烤箱将小羊肉骨头烤香之后放入锅中。加入洋葱、胡萝卜、芹菜、大量的水煮沸，舀掉浮沫之后转小火。煮约1小时，取其骨汤。大致散热之后，放入冰箱冷却。最后，使用其表面浮出的油脂。

做法

1 用足量热盐水煮意大利面。

2 将面条放入盆中，加入羊油拌均匀。

3 羊油溶化之后撒上黑胡椒碎，并加上佩哥里诺奶酪及汤汁，拌均匀使其乳化。

4 装盘，撒上佩哥里诺奶酪（菜谱用量外）。

P236

小羊肉洋蓟面

Tiscali

材料
[2人份]

意大利香肠…按以下配料制作后取100g
　小羊肉末…1kg
　盐…7g
　胡椒粉…3g
　茴香籽…2g
蒜油（省略说明）…20mL
洋蓟…1个
蔬菜汤*…180mL
粗粒小麦粉…60g
特级初榨橄榄油…30mL
佩哥里诺奶酪…15～20g
意大利香芹（切碎）、盐…各适量

＊ 洋葱、胡萝卜、芹菜分别切片之后撒盐，并用水加热。

做法

1 将制作意大利香肠的配料大致混合成一团，不要用力过度。

2 平底锅加热蒜油，摊开步骤1的食材。将两面烤至上色，并炒至五分硬度状态。

3 平底锅中多余的油脂丢掉。加入清理之后切成方便食用大小的洋蓟，稍微炒一下。

4 加入蔬菜汤煮沸，加入粗粒小麦粉煮约14分钟。中途汤汁如有减少，可补充热水。

5 加入特级初榨橄榄油使其乳化，并用盐调味。佩哥里诺奶酪捣碎之后加入，并拌匀。

6 装盘，撒上意大利香芹碎。

P237

小羊肉香菜炒饭

羊香味坊

材料

[1人份]

精制菜籽油…适量
蛋液…1个半

A ⌈ 洋葱（切粗末）…35g
  │ 大葱（切粗末）…15g
  └ 煮过的羊小腿肉（P16"口水羊"）…25g

煮好的米饭…200g

B ⌈ 盐…1g
  │ 鸡精…2g
  │ 浓口酱油…5mL
  │ 白胡椒…少量
  └ 孜然（干炒之后磨碎）…3g

香菜（切碎）…10g

做法

1 炒锅加热精制菜籽油。放入蛋液，炒1~2秒之后取出。

2 在步骤1的食材中加入油，大火快炒食材A。

3 放回步骤1的食材，加入煮好的米饭。

4 用调料B调味，加入香菜之后快炒混合。最后，装盘。

P237

羊肉饭

TEPPAN羊SUNRISE麻布十番店

材料

米饭…适量
肉酱（P29）…适量

A ⌈ 酱油腌渍蒜头（切碎）…适量
  └ 炒白芝麻…适量

做法

米饭装盘，浇上肉酱。最后，撒上食材A。

品种

　　据说羊的家畜化历史仅晚于狗，伊拉克东北部的遗迹中就有出土公元前11000年的小羊骨。长久以来，这都被视为羊最早家畜化的证据。但是，近年来开始对其家畜化的时期产生疑问，并推定实际时期应为公元前7000～公元前6000年，在目前的叙利亚、伊拉克北部、土耳其东南部等地区开始家畜化。原种包括摩弗伦羊（Mouflon）、盘羊（Argali）、赤羊（Urial），绝大多数品种均以这3种为祖先。目前全世界的羊品种达到3000种左右，其中作为家畜的达到约1000种，其中特别重要的品种为200种左右。按照具体用途，分为肉用种、毛用种、奶用种、多用途种。此处，介绍在澳大利亚及新西兰等地区饲养的代表品种。

※ 内部根据《专业烹饪达人的肉类菜肴专业书》进行部分修改之后转载
资料来源：联合国粮食及农业组织（FAO）2016年的数据，《世界家畜品种事典》（正田阳一监修、东洋书林刊）
插图：田岛弘行

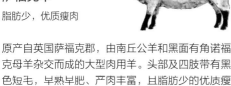

[肉用种]

萨福克羊

脂肪少，优质瘦肉

原产自英国萨福克郡，由南丘公羊和黑面有角诺福克母羊杂交而成的大型肉用羊。头部及四肢带有黑色短毛，早熟早肥、严肉丰富，且脂肪少的优质瘦肉。世界范围内作为肉用交配品种使用，体重方面，公羊为100～135kg，母羊为70～100kg。

[肉用种]

南丘羊

英国品种，肉质最佳

原产自英国东南部丘陵地区，由当地的小型萨塞克斯羊筛选培育而成。由于在丘陵地区饲养，身体结实、健壮。作为典型的肉用品种，骨头细且良品率高，肉质是英国品种中最好的，誉为"肉用羊之王"。体重方面，公羊为80～100kg，母羊为55～70kg。

[肉用种]

切维厄特羊

牧草精细饲养，肉质优良

原产自英国英格兰和苏格兰交界位置的切维厄特丘陵，由当地山地母羊和平原公羊交配而成。使用牧草等粗饲料精心培育，耐力好，适合在山间放牧。肉质优良，但生长慢，属于小型羊。毛也可用于制造粗呢原料。体重方面，公羊为70～80kg，母羊为50～60kg。

[毛肉兼用种]

科里达尔绵羊

适应力强，容易饲养

原产自新西兰，由美利奴羊和林肯羊、莱斯特羊、罗姆尼羊等英国长毛种交配而成。非常温和，适合各种水土气候，容易饲养。体重方面，公羊为80～110kg，母羊为60～70kg。

[毛肉兼用种]
美利奴羊
羊毛品质、肉质、产肉性均优良

原产自西班牙的伊比利亚半岛，在世界各地经过各种改良，包括西班牙美利奴羊、法国美利奴羊、澳大利亚美利奴羊等。其中，澳大利亚美利奴羊的羊毛最优质。法国美利奴羊的体型最大，肉质及产肉性优良。体重方面，根据品种有所差异。

[毛肉兼用种]
边区莱斯特羊
强健、多产，产肉性优良

原产自英国英格兰及苏格兰交界位置，由莱斯特羊和切维厄特羊交配而成的改良种，属于长毛的毛肉兼用种。早熟早肥，产肉性优良。强健且繁育能力强，在英国及澳大利亚作为三元交配等杂交的基础品种使用。

[肉用种]
陶赛特羊
三元交配的基础品种

原产自英国陶赛特郡的短毛肉用种，强健且生长速度快，肉质也优良。在澳大利亚，同边区莱斯特养一样作为三元交配的基础品种。此外，还有以该品种为基础由美国研发的无角品种"无角陶赛特羊"，肉质优良且多产，在世界范围内广泛饲养。

「 毛肉兼用种 」
罗姆尼羊
脂肪少，优质瘦肉

原产自英国沼泽较多的罗姆尼地区的毛肉兼用种，适宜在湿润气候地区养殖。使用牧草等粗饲料精心饲养，肉质属于脂肪少的瘦肉。此外，也可作为肉用杂交品种的基础品种。在羊肉出口量居世界第二位的新西兰，这种羊的纯血种占到50%左右，杂交种也有25%左右。

羊的生命周期

羊的生产过程中，8月进行繁殖准备，即制定下年度的生产计划。羊为季节性繁殖，如果日照时间短，母羊就会发情。人工繁殖困难，基本通过自然繁殖。

妊娠周期为145～150天，出生主要在2～3月。但是，萨福克羊可在8月末～2月初繁殖，根据品种及饲养环境的气候条件等，并不局限于此表。使用受精周期长的品种，错开周期繁殖，可整年保证出口。

此外，在南半球的澳大利亚及新西兰，秋季3～4月繁殖，春季8～9月为出产高峰。此外，赤道附近的日照时间变化不明显，有些品种及地区不管什么季节均可饲养。

羊为季节性繁殖，每年出生1次。

此处，对羊的生命周期进行介绍。

繁殖期

月份		8月	9月	10月	11月	12月	1月	2月	3月	4月	5月	6月	7月
种羊		交配准备	交配	妊娠				生产					
小羊					哺乳				断乳				
饲养方法		放牧		圈养						放牧			

出栏时间

月份	8月	9月	10月	11月	12月	1月	2月	3月	4月	5月	6月	7月
奶羊												
放牧羊												
圈养羊												
放牧后圈养羊												

奶羊：断乳后第4个月，体重40～50kg的羊。
奶肥育羊：羊奶和饲料并用，生长至50kg左右的羊。
圈养羊：断奶后第4个月，在羊圈喂谷物饲料饲养的羊。体重50kg以上出栏。
放牧羊：放牧后，用牧草饲养的羊。7～8月龄出栏。
放牧后圈养羊：放牧后用牧草饲养，为增加脂肪及体重，通过圈养喂食谷物饲料的羊。9～12个月龄出栏。
资料来源：《畜产综合辞典》（小宫山载郎、铃木慎二郎、菱沼毅、森地敏树编辑，朝仓书店刊）,《新编畜产大事典》（田先威和夫监修，养贤堂刊）

世界各产地的特点

澳大利亚

据说是在1788年由英国移民带来最早的羊。不久之后，澳大利亚的羊毛出口到全世界，并在20世纪50年代成为世界第一羊毛生产国。90年代由于羊毛需求量减少，主要生产目的转变为肉食，直至今日也是如此。

饲养头数为世界第二的67543092头（2016年），仅次于中国的160022703头。主要品种为曾经支撑羊毛出口产业的毛用种美利奴羊，以及陶赛特羊、边区莱斯特羊、萨福克羊等交配而成的杂交种。主要产地为维多利亚州、南澳大利亚州、新南威尔士州等雨量较多的南部地区。

通常为只用牧草饲养的牧草品种，但也有喂食谷物的谷物品种。

品牌方面，既有喂食充分吸收土壤中盐分的"Saltbush"草的"Saltbush Lamb"，也有喂食苜蓿、紫花苜蓿等豆科牧草饲养的"Pasture Fed"等。

出栏为8~10月龄，躯干重量20~24kg。出栏周期为整年，运输范围冷藏及冷冻。饲养周期比较长，瘦肉多且肉块大是其特点。主要出口国为美国和中国。日本流通的羊6成为澳大利亚产（2018年）。

新西兰

1773年，库克船长带来最早的2只羊，但不久羊就死了。19世纪上半期从澳大利亚引进美利奴羊，形成产业化作为英国的粮食供给。随着增产，冷冻运输技术也得到进一步开发。1882年5月24日，从新西兰始发装运着冷冻羊肉的船到达英国。之后，一直以食肉为主要目的进行饲养，并实施品种改良。

国内消费量为总产量的3%~4%，基本用于出口。以北岛和南岛为中心的新西兰全境均有饲养。主要品种为罗姆尼羊，占总量的50%。其次就是罗姆尼的杂交品种，库普沃斯绵羊约15%，派伦代尔羊约10%，其他还有特克赛尔羊、萨福克羊、南丘羊等。基本所有羊都是喂食苜蓿、紫花苜蓿等豆科牧草，出生2个月以内母乳哺育，之后完全放牧饲养。出栏为4~8个月，躯干重量18kg左右，比澳大利亚羊略小，这是为了满足最大出口对象（欧洲）的喜好。根据重量及脂肪厚度，执行分级出口。出口日本的羊存放于0℃以下的集装箱中，航程2周左右。肉质柔软、无膻味是新西兰羊肉的特点。

法国

2001年禁止进口，2017年逐渐解禁。西南部的比利牛斯、南部的普罗旺斯等为主要产地。日本流通的是法国南部普罗旺斯的希斯特罗产奶羊、比利牛斯产牛奶羊、洛泽尔产羊等（2019年）。

饲养品种达到30种以上，奶用种或奶肉兼用种较多，羊奶可用于制作奶酪等。主要饲养品种包括法兰西岛羊、拉科讷羊等。

冰岛

9~10世纪维京人带来的古代品种一直饲养至今。品种名称为冰岛羊，冰岛的固有品种。严禁引进其他国羊品种，只允许饲养该品种羊。相当于北海道及四国总和的国土面积内居住着35万人，羊的数量却达到70万头。

5月出生之后基本同时期开始完全放牧饲养，少部分个体需要哺乳至合适时期，其余使用百里香等香草、黑莓、树莓、蓝莓等自由喂养。到了9月，还会举行收获节"Rettir"。所有农户将羊集中一起，留下种羊，之后其余全部屠宰，并急速冷冻。

完全依靠自然饲养，小羊肉不含抗生剂、除草剂、杀虫剂、激素等。

有利于可持续发展、循环发展，主要出口欧洲地区。屠宰时小羊的月龄均为4~5个月，但生长快，比其他国家同龄羊体型大。在水质优良、牧草营养价值高的火山岛饲养的羊，肉质柔软，口感柔和，鲜味浓郁。

日本

日本最早引进的羊是在推古天皇时代，《日本书纪》有记录在599年由百济国献上2头羊。在此之后，新罗国（朝鲜半岛历史上的国家）在802年，中国在唐代、宋代、1818年均有输送羊的记录，但均未形成饲养规模。

日本的绵羊饲养历史从明治二年开始，通过美国政府进口8只美利奴羊。由于服饰的西式化及军需，在千叶及北海道建设基地，国家带头制定增产计划。但是，由于知识、经验、技术等不足，未能得到发展壮大，并于1889年放弃计划。之后很长一段时期，羊毛依靠进口。

之后，由于第一次世界大战爆发，澳大利亚及新西兰禁止出口羊毛，日本迫切需要完善国内生产体制。当时，从美国、中国、澳大利亚、英国大量采购的品种是美利奴羊。大正时代末期，美利奴羊占到85%以上。之后，由于澳大利亚及新西兰禁止出口，毛肉兼用的考力代羊成为主体。

第二次世界大战中心源近山种羊，增产局面戛然而止，但战后得以继续增产，并在1957年创造有史以来最多饲养头数的记录"944940头"。之后，由于海外低价羊毛的进口及化学纤维制造技术的发展，1976年饲养头数锐减至10190头。随着羊毛需求量降低，1967年肉用种的萨福克羊引进之后，生产目的切换为肉用，并在90年代实现饲养头数的略微恢复。此后，萨福克羊成为主要饲养品种。

2001年，由于疯牛病防疫等，禁止从欧洲进口羊，之前使用法国产小羊的西餐馆等高级业态将目光转向国产。目前著名的北海道及烧尻岛的"羽幌町营烧尻绵羊牧场"、白糠的"茶路绵羊牧草"等高品质羊肉生产牧场就是在这个时期发展起来的。羊作为增产计划的中心基地的北海道目前绵羊牧场较多，此外足寄的"石田绵阳牧场"、白糠的"羊肉研究所"、十胜的

"BOYA FARM"、日式火锅畅销门店"松尾日式火锅"经营的"松尾绵羊牧草"等均有生产优质羊肉。

但是，北海道以外的主要饲养地区集中在长野县、东北地区几个县。并且，这些数据包括宠物园、动物园、观光牧场等饲养的羊。如表2"羊的屠畜头数"所示，达到一定饲养头数的仅集中在10个县，以肉食生产为目的饲养的规模仍然较小。

目前，日本国内羊肉流通大半为生产商和餐饮店直接交易。大多由生产商将羊运送到屠宰场实施屠宰，再由肉食品处理工厂将其肢解为适合出栏的状态，并直接送达餐饮店的模式。此外，羊肉需要达到畜产技术协会规定的标准及等级，不必进行牛肉及猪肉的合格检查。

资料来源：Food and Agriculture Organization of the United Nations（FAO）-FAOSTAT-Production，Live Animals，Sheep，联合国粮食及农业组织（FAO）"FAO统计数据库"生产、畜产羊（2016）、羊肉协会编制资料、独立法人农畜产业振兴机构（alic）编制资料、《羊科学》（田中智夫编、朝仓书店刊）、《47都道府县·肉食文化百科》（成濑宇平、横山次郎共著，丸善出版刊）、《肉的科学》（冲谷明纮著，朝仓书店刊）

协助：MLA澳洲牛羊肉协会、ANZCO FOODS株式会社、TOP TRADING株式会社、ARCANE株式会社、GLOBAL VISION株式会社、羊肉协会

部位名称

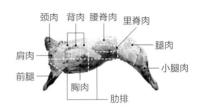

颈肉　背肉　腰脊肉　里脊肉

肩肉

前腿　胸肉　肋排　腿肉　小腿肉

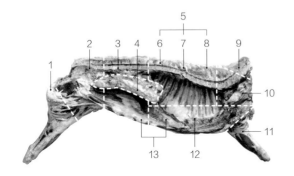

1　小腿肉　[英]leg shank　[法]jarret
2　腿肉　[英]leg　[法]glgot
3　腰脊肉　[英]loin　[法]selle
4　里脊肉　[英]tenderloin　[法]filet
5　背肉　[英]rack　[法]caree
6　背肉的臀侧　[法]cotelettes premieres
7　背肉的正中央　[法]cotelettes secondes
8　背肉的肩侧　[法]cotelettes decouvertes
9　颈肉　[英]neck　[法]collet
10　肩肉　[英]shoulder　[法]epaule
11　前腿　[英]fore shank
12　胸肉　[法]poitrine
13　肋排　[英]breast and flap

各国的名称差异

羊肉成长过程中，其肉质、口感、香味也会产生变化。在日本，基本分为不满1岁的小羊，1岁以上的成年羊。在养羊历史悠久的法国，名称更加细化，根据月龄区分。此外，在澳大利亚及新西兰，根据恒门牙的数量、雌雄、有无阉割等，也有细致区分（门牙是指用于咬碎草的水前方牙齿）。此外，任何名称并不是公开规定，而是羊饲养历史中产生的饮食文化的区别及分类。

澳大利亚

【baby lamb】仅用母羊奶饲养，且出生后6~8周的小羊。

【spring lamb】仅用母羊奶饲养，且出生后3~5个月的小羊。

【young lamb】恒门牙及上颌的恒槽牙尚未长出，且出生后5个月以内的母羊或阉割公羊。

【lamb】出生后未满1年，且未长出恒门牙的小羊。

【mutton】出生后10个月以上，且长出1~8颗恒门牙的羊。

【ewe mutton】长出1颗恒门牙，且出生后超过10个月的成年母羊。

【wether mutton】至少长出4颗恒门牙，无第二性征，且出生后超过10个月的成年阉割公羊。

新西兰

【β lamb】体重小于7.5kg的喝奶小羊。

【lamb】出生后不足1年，且为长出恒门牙的小羊。

【hogget】雄性或为交配的雌性，且长出1颗以上恒门牙的羊。

【mutton】长出2颗以上恒门牙的羊的总称。

【ram】未阉割，且长出2颗恒门牙的公羊。

【ewe】已生产的母羊。

法国

【agneau】出生后300天以内的小公羊。

【agnelle】出生后300天以内的小母羊。

【agneau de lait】出生后20~

60天以内，且只用母乳饲养的8~10kg的断奶前小羊。也称作agnelet。

【agneau blanc】出生后80~130天，体重15~25kg的小羊。脂肪还是白色，因此得名。也称作laiton。

【agneau gris】出生后5~9个月，牧草喂养且体重20kg左右的小羊。脂肪渐渐失去白色。

【mouton】出生后1年，且已阉割的公羊。

【belier】未阉割的公羊。

【brebis】母羊。

参考资料：《Aussie Beef & Ram 肢解手册》（MLA澳洲牛羊肉协会）、《月刊专门料理2006年7月号》（柴田书店刊）、《法国食肉事典》（田中千博编著、三岭书房）

各部位索引

腿肉

自制羊肉灌肠　　　　　　　34
[CHINA/羊香味坊]

烤小羊腿配土豆　　　　　　62
[ITALIA/Osteria Dello Scudo]

香辣烤小羊排　　　　　　　71
[INDIA/Erick South Masala Diner]

蔬菜锅　　　　　　　　　　124
[MONGOLIA/西林郭勒]

羊肉咖喱锅　　　　　　　　170
[AFGHANISTAN/Bao Kervansaray]

绿咖喱羊肉　　　　　　　　175
[INDIA/Erick South Masala Diner]

羊腿汤配沙拉　　　　　　　195
[ITALIA/Tiscali]

康沃尔馅饼　　　　　　　　212
[ENGLAND/The Royal Scotsman]

奶酪羊肉馅饼　　　　　　　212
[MONGOLIA/西林郭勒]

羊肉包　　　　　　　　　　222
[MONGOLIA/西林郭勒]

蒙古族卷饼　　　　　　　　224
[MONGOLIA/西林郭勒]

烤肉用

烤小羊肉　　　　　　　　　71
[MOROCCO/Enrique Marruecos]

臀腰肉

酒井的烤小羊肉拼盘　　　　49
[ITALIA]

羊肝

蔬菜锅　　　　　　　　　　124
[MONGOLIA/西林郭勒]

肚包杂碎　　　　　　　　　140
[SCOTLAND/The Royal Scotsman]

洋葱炒小羊内脏　　　　　　144
[ITALIA/Osteria Dello Scudo]

凉拌羊肝　　　　　　　　　145
[ITALIA/Tiscali]

意式青菜叶卷焯水小羊杂　　145
[ITALIA/Osteria Dello Scudo]

腰肉

切片小羊肉　　　　　　　　21
[WORLD/Wakanui lamb chop bar juban]

爆炒羊肉　　　　　　　　　180
[CHINA/中国菜 火之鸟]

它似蜜　　　　　　　　　　207
[CHINA/中国菜 火之鸟]

成年羊

羊肉串　　　　　　　　　　82
[INDIA/Erick South Masala Diner]

蔬菜锅　　　　　　　　　　124
[MONGOLIA/西林郭勒]

番茄羊肉汤　　　　　　　　125
[AFGHANISTAN/Bao Kervansaray]

海德拉巴羊肉香饭　　　　　165
[INDIA/Erick South Masala Diner]

羊肉汤菜　　　　　　　　　168
[INDIA/Erick South Masala Diner]

古法咖喱番茄炖羊肉　　　　172
[INDIA/Erick South Masala Diner]

盐水煮羊肉　　　　　　　　190
[MONGOLIA/西林郭勒]

奶酪羊肉馅饼　　　　　　　212
[MONGOLIA/西林郭勒]

羊肉馅饼　　　　　　　　　213
[AFGHANISTAN/Bao Kervansaray]

阿富汗饺子　　　　　　　　218
[AFGHANISTAN/Bao Kervansaray]

拌面　　　　　　　　　　　232
[AFGHANISTAN/Bao Kervansaray]

取材店介绍

Erick South Masala Diner

东京都涉谷区神宫前6-19-17
GEMS神宫前5F
03-5962-7888

这是一家在南印度咖喱、塔里餐等菜肴兴起时期，在东京·八重洲开设的"Erick South"连锁店。除了为食客提供地道的印度香饭、塔里餐，还提供可搭配红酒的现代印度菜。无论是各种印度菜，还是招牌咖喱，尽可能虏获更多客人的心。主厨稻田俊辅经过各种尝试及调查，精心设计菜谱的内容及组合，让客人如同身处印度享受当地美食。这次，除了介绍汤菜、咖喱番茄炖羊肉等传统印度菜，还有英式的现代印度菜。在印度，羊肉菜肴以海德拉巴等地区较为常见。羊肉烹饪之前经过水洗，除去膻味。香辛料的除腥味效果不明显，但却能表现羊肉本身风味，以及增添色彩。此外，分切、清理等主要依靠专业人员完成。腿肉切片等带骨头的现成肉品较多，适合肉带骨头一起煮的印度菜。

Enrique Marruecos

东京都世田谷区
北泽3-1-15
03-3467-1106

2009年，在东北泽的车站附近开了一家摩洛哥餐厅。店名是西班牙语，"摩洛哥"的意思。原本是一家西班牙餐厅，更换店主之后直接改成摩洛哥餐厅。主厨小川步美之前是公司职员，之后成为烹饪大师的助手，2004年移居摩洛哥。游遍亚洲、北美、南美的许多国家，最终选择摩洛哥料理的理由除了美味，还有当时日本国内经营摩洛哥餐厅的人几乎没有。此外，这么多国家中，摩洛哥人更乐意让别人进自家厨房。小川步美在摩洛哥当地餐厅工作过两年半，之后又做了两年半摩洛哥著名烹饪大师的助手，潜心学习摩洛哥菜的精髓。摩洛哥是伊斯兰国家，羊肉和鸡肉都是经常吃的肉食。用孜然、茴香等香辛料调味烧烤，或者用锅煮等作为主要烹饪方法。辛辣味少，但口感足是摩洛哥菜的特点。本书中，已介绍几种具有代表性的羊肉菜肴。

总厨
稻田俊辅

总厨
小川步美

ITALIA

Osteria Dello Scudo

东京都新宿区若叶1-1-19
Shuwa house014 101
03-6380-1922

主厨小池教之在"La Cometa"（麻布十番）、"Parthenope"等餐厅工作过，之后来到意大利，并在当地的Trattoria、Ristorante等7家店学习厨艺。遍访意大利各地，将意大利菜肴研究清楚之后回到日本。在以意大利20个行政区的红酒和当地美食为主题的餐厅"Incanto"做了11年厨师，最终在2018年独立开店。每隔3~4个月就更换1个新行政区的美食，菜单经常变化。重视传统菜肴的核心要素，同时以更高品质提供现代化餐厅美食。无论白天还是夜晚，这间餐厅总是客流不断。在意大利，适合养羊的中部及南部的人们经常吃羊肉。其中，包括拉齐奥大区、阿布鲁佐大区、撒丁尼亚岛大区等3大产地，以及托斯卡纳大区、翁布里亚大区的居民也喜欢吃羊肉。本书除了介绍这些节日菜肴，还介绍使用内脏等制作的亲民菜肴。

SAKE & CRAFT BEER BAR

酒坊主

东京都涉谷区富谷1-37-1
RONA YS大厦2F
03-3466-1311

从小田急线代代木八幡站步行仅需5分钟，位于井之头路沿街大厦的2层。本店提供的酒品仅限精酿啤酒及日本酒。店主前田朋在厨师专科学校学习制作中国菜，毕业之后在休闲餐厅、民族餐厅、日本料理店等工作，之后到了吉祥寺的"日本酒屋"，并于2013年独立开店。菜品反映前田的丰富经历及独特口味。日、西、中、民族等元素囊括其中的独特风格，同口感醇厚的日本酒及精酿啤酒搭配最合适。日本酒选择加热之后也很好喝的品种，常备75种。店内的酒没有刺激、浓烈的香味，不会影响食材的口感。菜单中，有3~4道必备小羊菜肴。羊肉脂肪的熔点低，如果搭配温热的酒，油脂更加清爽适口。因此，羊肉菜肴搭配加热的酒会更美味。本书中，除了介绍使用小羊肉的下酒菜，还有推荐适合的酒品（P110）。

SCOTLAND/UNITED KINGDOM

The Royal Scotsman

东京都新宿区神乐坂3-6-28
上屋大厦1F
03-6280-8852

苏格兰传统羊肉菜肴"羊杂碎肚"，在日本也能品尝到。店主小贯友宽在"HOTEL DE MIKUNI"（东京·四谷）工作一段时间之前去往法国，在巴黎学习烹饪期间，四处游览时被苏格兰风笛声深深吸引，因此他立志成为一名苏格兰风笛演奏家。基于这些，他开始对巴黎的酒吧业态产生兴趣，并在东京·神乐坂的小巷内开店。曾在苏格兰首府爱丁堡逗留1个月左右，早、中、晚探访各种酒吧。凭借这些经验及各种资料调查，从皇族喜欢的羊肉菜肴到普通家庭羊肉菜肴均有详细了解，并反复尝试烹饪。店内常备的羊肉菜只有羊杂碎肚、牧羊人派，但每月及季度推荐菜单中，以及节庆日等还有烤肋排、苏格兰浓汤、爱尔兰浓汤等汤类、派类菜肴等各种英式美食。所用羊肉大多是产自澳大利亚或新西兰的小羊肉，包括内脏在内全部统一从"NAMIKATA"羊肉店采购。

主厨
小池敏之

店主
前田朋

总厨
小贯友宽

西林郭勒

东京都文京区千石4-11-9
03-5978-3837

中国菜 火之鸟

大阪府大阪市中央区伏见町2-4-9
06-6202-1717

Tiscali

东京都品川区西五反田5-11-10
Relief不动前1F
03-6420-3715

店主田尻启太于1995年开的蒙古菜专营店，已成为"传播蒙古文化的据点"。该店厨师出生于内蒙古自治区，擅长演奏马头琴。除了烹饪美味，每晚还会现场演奏。菜单中，主要包括内蒙古自治区及蒙古人民日常吃的羊肉菜肴。带骨羊肉、盐水煮羊肉，过年吃的羊肉包、羊肉汤面等，提供15种蒙古菜肴。此外，还有烤羊肉、烤串，以及从北京烤鸭获得灵感自创的小麦面皮卷羊肉及蔬菜的"蒙古族三明治"等。正餐遵循蒙古菜风格，提供酥油茶及糌粑。蒙古游牧饲养的羊带有草香气味，但无法进口，只能选择体格及口感相近的新西兰羊。整只采购回来自己分切，带骨肉制作盐水煮羊肉，肥肉较少的腿肉主要用于制作包子、火锅等。

主厨井上清彦从厨艺学校毕业之后，在"小小心缘"（兵库·神户）等关西多家餐饮店实习。之后，在广东菜"SILIN火龙园"（东京·六本木）、北京菜"中国名菜 孙"（东京·六本木）、北京菜"源烹轮"（东京·富士见台）等潜心钻研厨艺，并于2015年在家乡大阪开店。该店位于商业街北浜，座位共计14个，柜台8个座，包间6个座。只需几个小时，当月的订餐就会满额。主要提供北京菜等中式传统菜肴，向现代人传播传统美食的魅力。说到北京菜，同东北三省（黑龙江省、吉林省、辽宁省）的农家菜、宫廷菜、清真菜等有千丝万缕的关系。因此，羊肉是北京菜不可或缺的食材。这次，主要介绍北京市内几家著名清真菜馆的名菜。菜品遵循传统，并没有太多针对不喜欢羊肉的客人做出改良等，但回头客不少。如果有的客人不习惯较重的膻味，可以选择更适合本地口味的烹饪方法及食材等。

该餐厅的理念就是"羊倌的餐桌"，店址位于东急目黑线不动前站附近的饮食街，店内客人络绎不绝，有的是一家人经常来吃，有的是从很远地方慕名而来。这次提供烹饪及肢解技术指导的是集团公司总厨师长近谷雄一，他在担任总厨师长之前就是Tiscali的厨师。最早在"SCUGNIZZO"（东京·饭田桥）做厨师时期，每月都会采购1~2次北海道著名羊肉生产者"羊肉研究所"的酒井伸吾培育的羊肉（只买半只），自己分切及烹饪。他还多次探访饲养地，对包括土壤、牧草等精细研究。为了避免浪费，先将其分成大块之后带骨头一起保存，甚至肥肉都会得到充分利用。并且，尽可能采用简单且能够呈现食材本身口感的烹饪方法，为喜爱羊肉的食客提供优质美味，以及在其他店无法品尝到的羊肉部位。

店主
田尻启太
厨师
马头琴

总厨
井上清彦

总厨
近谷雄一

南方 中华料理 南三

东京都新宿区荒木町10-14
伍番馆大厦2F-B
03-5361-8363

店名取自"湖南"、"云南"、"台南"，以三个地区的菜肴为主体。主厨水冈孝和曾在"天厨菜馆 涉谷店"（东京·涉谷）、"A-jun"（东京·西麻布）、"御田町 桃之木"（东京·三田）实习，之后就职于提供许多中国少数民族菜肴的"黑猫夜"（东京·赤坂、六本木、银座）。担任银座店的店长之后来到莲香（东京·白金），此后独立开店。在"黑猫夜"工作期间，还有1年留学中国的经历。到中国之后，还曾来到吃羊肉较多的北京、西安、新疆等地。羊肉成为喜爱的食材之一，在"黑猫夜"银座店担任店长时期策划过羊肉宴的活动。这次介绍的菜肴就是当初主推的几道。这几道菜都是将不同地区的烹饪方法及调味料等相互组合，在保留当地菜肴特色的同时，寻求更美味的效果。例如其中一道招牌菜羊肉香肠，就是以回族菜中经常使用的内脏食材为原料，并采用塞入糯米的烹饪方法，使口感更加有嚼劲。这种立足于菜品特点，同时采用巧妙创意的绝佳搭配，吸引到许多客人。

Bao Kervansaray

东京都中野区东中野2-25-6
03-3371-3750

20世纪80年代后期开店，采用民宅庭院搭设的游牧民族帐篷（蒙古包）的形式，提供羊肉串等美味。2001年，目前的大厦改造之后，在一层继续营业。菜肴以巴基斯坦、阿富汗等地区生活的普什图人传授的民族菜肴为主，还会提供一些自创菜肴等。羊肉串、蔬菜锅、馕等主要有40~50种菜品，其中羊肉菜占到一半以上。经营该店超过20年的餐厅合伙人岛田昌宏认为："由于是四周环山的内陆菜，应该以简单烹饪为主。调味主要使用盐，香辛料较少使用。此外，西红柿、青椒、生姜、少量香辛料是制作羊肉菜肴时不可或缺的。肉的加热程度、西红柿的煮烂程度、肉末的混合方式等，这些都是消除膻味的细节，即使简单调味，也能通过食材鲜味形成丰富口感。"由于羊肉有膻味，所以主要使用膻味较少的澳大利亚羊。此外，蔬菜汤等使用油脂较少的成年羊肉，需要较多油脂的菜肴使用小羊肉。

羊 SUNRISE 麻布十番/
TEPPAN 羊 SUNRISE 神乐坂

神乐坂店

麻布十番店 东京都港区麻布十番2-19-10
PIA麻布十番II 3F 03-6809-3953
神乐坂店 东京都新宿区矢来町口番地
杵屋大厦2F 03-6280-8153

这家店可以品尝。店主关泽波留人太喜欢日式烤肉，于是辞掉工作在"札幌成吉思汗·白马"札幌总店的工作并学习日式火锅制作方法。担任新桥店店长一段时间后辞职，开车3000公里遍访日本绵羊农场。并在前往日本市场羊肉产地占比最高的澳大利亚考察之后，选择独立开店。店内常备经过关泽严选的水海外产3~4种及日本产2~3种羊肉。海外产羊肉主要是澳大利亚南部的Pasture Fed，法国的羊肉及美国的小羊肉也有使用。日本国内主要从北海道的足寄、上士幌、惠庭、SETANA等著名产地，饲料中添加裙带菜饲养的宫城县"南三陆裙带菜羊"等均需要同供应商建立长期信赖关系之后才能以只为单位采购的。客人来到店里仔细询问喜好，再决定提供哪些羊肉部位，使食材得到充分利用，客人也能品尝到自己喜欢的口味。2019年，神乐坂的铁板烧店开业。开店宗旨是希望能够将更多利润还给养殖者，实现日本国产美味羊肉的稳定供应。

总厨
水冈孝和

餐厅合伙人
岛田

总厨
佐佐木力
店主
关泽波留人
安东阳一

Hiroya

东京都港区南青山3-5-3
BLOOM南青山1F
03-6459-2305

主厨福嶌博志大学毕业后在意大利餐厅工作，之后来到欧洲。此后，在比利时的意大利餐厅、法国的"Le Jardin des Sens"、意大利等地共计实习3年后回到日本。又在"日本料理 龙吟"（东京·六本木）、Modern SPANISH 的"ZURRIOLA"（东京·银座）工作，之后独立开店。以法国菜为主，并将日本料理、现代西班牙菜、意大利菜的不同技法及口味融合一起的独特风。食材也坚持选择日本产，优质日本产羊肉配上胡椒、黑七味等日式香辛料及牛至等香草、柠檬等酸味佐料，再放上大量应季蔬菜，清爽适口。这次使用的是羔羊，同小羊不同，口感更加嫩爽且充满奶香味。羊基本每次采购半只自己分切，将背肉、腿肉、肋排用于煎烤，碎肉打成肉泥制作可乐饼，小腿肉及前腿煮汤，每个部位都得到充分利用。

BOLT

东京都新宿区筆筒町27
神乐坂佐藤大厦1F
03-5579-8470

距离神乐坂的中心街区稍远，但距离地铁站步行只需1分钟。既能品尝到地道的法国菜，又能享受日本居酒屋的舒适安逸。主厨仲田高广曾在法餐名店"Mardi Gras""L'esprit MITANI"等实习。独立开店之前曾在赤坂的人气居酒屋工作，充分学习了如何营造日本居酒屋独特的轻松、休闲氛围。而且，羊肉是经常采用的食材，主要包括法国产的牛奶羊、新西兰及澳大利亚产的小羊，成年羊气味太重，基本不用。腹肉、肋排、前腿等法式餐厅不用的部位也得到了充分利用，积极研发胸腺肉等内脏菜肴。羊肉菜的制作关键在于如何处理脂肪及筋带有的独特气味，以及充分呈现香甜可口的口感。例如，油脂及筋较多的肋骨直接用火烤骨头，使筋烤出脆香感。肩肉带骨头加热，使热量从骨头传递至肉等。

Matsushima

东京都涉谷区上原1-35-6
第16菊地大厦B1F
03-6416-8059

2016年创办的中餐厅。主厨松岛由隆最早从广东菜名店"福临门酒家"大阪店开始学习厨艺。此后，在神户的中餐厅实习，后来到东京，学习柬埔寨菜（东京·惠比寿）、"碧丽春"（东京·芝）的上海菜、"虎万元 南青山"（东京·西麻布）的北京菜。此后，又在几家餐厅工作之后进入"黑猫夜"，并担任六本木总店店长，引进中国各地少数民族菜肴。通过其个人经历，已对中国菜有了全面理解及掌握。目前，努力学习贵州省、广西壮族自治区、云南省山区少数民族的菜肴，甚至用发酵后的肉及鱼制成菜肴。猪肉放入糯米及香味蔬菜调制的腌泡汁中浸泡几个月发酵而成的"酸肉"，从独立开店至今一直是菜谱中的招牌菜。这次，开始挑战羊肉菜，并尝试采用小腿肉、羊蹄、羊脑等一般不使用的部位。

主厨
福嶌博志

主厨
仲田高广

主厨
松岛由隆

CHINA	FRANCE	NEW ZEALAND/WORLD

羊香味坊

Le Bourguignon

Wakanui lamb chop bar juban

东京都台东区上野3-12-6
03-6803-0168

东京都港区西麻布3-3-1
03-5772-6244

东京都港区东麻布2-23-14
Towa Igreg B1F
03-3588-2000

2000年从竹之塚搬到神田的"味坊"是很多喜欢羊肉菜的人力荐的餐厅。趁着这次搬迁，店主梁先生将菜谱更改为自己家乡中国东北地区的风味。搭配口感特别的红酒，许多客人都被深深吸引。2016年，羊香味坊第3家连锁店开业。正如其店名，主打菜就是羊肉。其中炭烧羊肉是其特色，包括小羊肩肉、小羊肩肉和口蘑、油网包小羊肝、小羊臀腰肉和山芋、酱油辣椒烤小羊颈肉等5种烤串，以及排骨、肋排、臀腰肉等铁板烧，来店客人必点小羊肩肉烤串。如店内有特惠活动，每天至少会卖出3000小羊肩肉烤串。除了羊肉菜，该店还备有蔬菜炒小羊肉、小羊肉馅水饺、小羊肉面食、羊肉米饭等15种菜品。此外，还会提供东北地区的前菜及冷菜。全天营业，许多店内的客人都是一边品尝烤串，一边品尝红酒。

在六本木开店约20年。长久以来，这里已经成为满足众多美食家口舌之欲的著名法式餐厅。主厨菊地美升在"Aux Six Arbres"工作过，之后来到法国，在里昂、勃艮第及意大利的佛罗伦萨学习厨艺。回到日本后曾在"l'amphore"（东京·青山）做厨师，之后独立开店。从2000年初开始，这家店开始使用日本国产优质羊肉。从北海道的著名生产者"羊肉研究所"的酒井伸吾、"茶路绵羊牧场"的武藤浩史采购半只羊躯干肉，为了充分利用这些宝贵羊肉，连碎肉、腹肉等都会制作成春卷馅、可乐饼等。还有法式炖菜，这种法国家庭最普通的菜肴经过创意升级之后端上法式餐厅的餐桌上。目前，主要使用近年来进口的法国产的背腰肉、腰脊肉、腿肉。

新西兰大型肉食品公司的日本法人ANZCO FOODS公司的直营店。2011年开张，是一家专营小羊肉的餐厅。招牌菜是小羊肋排，4种口味均为较低价格（420日元），基本每位客人都会点。没有膻味，柔嫩至极，回味清爽的红肉是新西兰春季出生、完全放牧且喂养高营养牧草的4~6个月龄的春季小羊。使用这种羊肉制作的炭火羊排受很多固定食客喜欢。此外，根据季节更改的十几种单品中，使用包括内脏的各种小羊部位的创意菜肴及全世界著名的小羊菜肴等等。此外，目前该餐厅已经搬到东京·芝公园，同另一家姐妹店合并。现在能容纳56人就餐，商务接待、家庭聚会等都能轻松应对，举办35~50人的派对也不是问题。

店主
梁宝璋

主厨
菊地美升

店长
佐藤彰纮
厨师
田中弘

图书在版编目（CIP）数据

完美羊肉：135道全球羊肉料理秘籍/日本柴田书
店编；张艳辉译. —北京：中国轻工业出版社，2023.3
ISBN 978-7-5184-4118-1

I. ①完… II. ①日… ②张… III. ①羊肉—菜谱
IV. ① TS972.125

中国版本图书馆CIP数据核字（2022）第160210号

责任编辑：卢　晶　　责任终审：李建华　　整体设计：锋尚设计
策划编辑：卢　晶　　责任校对：宋绿叶　　责任监印：张京华

出版发行：中国轻工业出版社（北京东长安街6号，邮编：100740）
印　　刷：北京博海升彩色印刷有限公司
经　　销：各地新华书店
版　　次：2023年3月第1版第1次印刷
开　　本：720×1000　1/16　印张：16
字　　数：300千字
书　　号：ISBN 978-7-5184-4118-1　定价：78.00元
邮购电话：010-65241695
发行电话：010-85119835　传真：85113293
网　　址：http://www.chlip.com.cn
Email：club@chlip.com.cn
如发现图书残缺请与我社邮购联系调换
200176S1X101ZYW